PROJETAR E CONSTRUIR COM MADEIRA

Blucher

Akemi Ino
Lucia Shimbo
Organizadoras

PROJETAR E CONSTRUIR COM MADEIRA

Projetar e construir com madeira

Editora Edgard Blücher Ltda.

Publisher Edgard Blücher
Editores Eduardo Blücher e Jonatas Eliakim
Coordenação editorial Andressa Lira
Produção editorial Alessandra de Proença
Preparação de texto Amanda Fabbro
Diagramação Marcio Freitas
Revisão de texto Helena Miranda
Capa Laércio Flenic
Imagem da capa Tatiana de Oliveira Chiletto

(*) As imagens utilizadas neste livro não caracterizam preferência por marca ou fabricante. Foram utilizadas devido à sua clareza e disponibilidade somente para ilustrar didaticamente os conceitos mencionados.

(**) As imagens de equipamentos da marca Zaccaria estão sendo usadas com o consentimento da empresa aos autores.

Blucher

Rua Pedroso Alvarenga, 1245, 4º andar
04531-934 – São Paulo – SP – Brasil
Tel.: 55 11 3078-5366
contato@blucher.com.br
www.blucher.com.br

Segundo o Novo Acordo Ortográfico, conforme 6. ed. do Vocabulário Ortográfico da Língua Portuguesa, Academia Brasileira de Letras, julho de 2021.

Dados Internacionais de Catalogação na Publicação (CIP)
Angélica Ilacqua CRB-8/7057

Projetar e construir com madeira / Akemi Ino, Lucia Shimbo organizadoras. – São Paulo : Blucher, 2024.
184 p. ; il.

Bibliografia
ISBN 978-85-212-2194-4

1. Construções de madeira 2. Habitações – Projetos e construção 3. Madeiras de construção I. Ino, Akemi II. Shimbo, Lucia

23-4339 CDD 694

Índices para catálogo sistemático:
1. Construção de madeira

CONTEÚDO

Apresentação 9

INTRODUÇÃO 17
Breve histórico da construção em madeira no Brasil 17
Das construções indígenas ao início do século XX 21
O século XX 26
Iniciativas de introdução de tecnologias construtivas industrializadas em madeira 33
Sistema Hauff 33
Madeira lamelada colada (MLC) 37
Wood frame 38
Tendência de aumento do uso da madeira no século XXI 39
Referências bibliográficas 42

CAPÍTULO 1 45
Classificação, formação e características da madeira 45
1.1 Classificação botânica da madeira 48
1.2 Formação e composição anatômica da madeira 50
1.3 Características da madeira para a construção 56
1.3.1 Durabilidade natural 58
1.3.2 Propriedade térmica 58
1.3.3 Propriedade acústica 60
1.3.4 Emissão e sorção de COVs 63
1.3.5 Propriedades sensoriais 64
Referências bibliográficas 66

CAPÍTULO 2 69
Propriedades físicas e mecânicas da madeira 69
2.1 Propriedades físicas 71
2.1.1 Conteúdo de umidade 71
2.1.2 Retratabilidade ou contração 73
2.1.3 Densidade (massa específica da madeira) 76
2.2 Propriedades mecânicas 76
2.2.1 Compressão 77
2.2.2 Tração 78
2.2.3 Cisalhamento 78
2.2.4 Flexão simples 78
2.2.5 Dureza 80
2.2.6 Classe de resistência da madeira e seus valores 81
2.3 Resistência ao fogo 84
2.4 Fatores que influenciam as propriedades da madeira 85
2.4.1 Fatores anatômicos 85
2.4.2 Fatores de processamento 87
2.4.2.1 Desdobro da tora 87
2.4.2.2 Processo de secagem 88
2.4.2.3 Agentes degradadores e tratamento preservativo 91
2.4.2.4 Armazenagem da madeira seca 98
Referências bibliográficas 99

CAPÍTULO 3 101
Produtos de madeira para construção 101
3.1 Madeira maciça 105
3.1.1 Madeira roliça 106
3.1.2 Madeira serrada 108
3.2 Madeira engenheirada 109
3.2.1 À base de madeira serrada 110
3.2.1.1 Madeira lamelada colada (MLC) 110
3.2.1.2 Madeira lamelada pregada (NLT, na sigla em inglês) 111
3.2.1.3 Madeira lamelada cavilhada (DLT, na sigla em inglês) 112
3.2.1.4 Madeira lamelada colada cruzada (CLT, na sigla em inglês) 113
3.2.1.5 Madeira lamelada cavilhada cruzada (DCLT, na sigla em inglês) 115
3.2.2 À base de lâminas e tiras 116
3.2.2.1 *Laminated Veneer Lumber* (LVL) 116
3.2.2.2 *Parallel Strand Lumber* (PSL) 118

3.3 Derivados 118
3.3.1 Madeira compensada (*plywood*) 119
3.3.2 Painel de tiras orientadas (OSB) 120
3.3.3 Painel aglomerado (*Chipboard*) 121
3.3.4 Painel de fibra de madeira 122
Referências bibliográficas 124
Websites para pesquisa e conhecimento de produtos 126

CAPÍTULO 4 127
Projeto e construção de edifícios em madeira 127
4.1 Concepções estrutural, construtiva e arquitetônica 130
4.1.1 Sistemas construtivos 131
4.1.2 Análise estrutural 132
4.1.3 Modulação 134
4.2 Processos de fabricação 136
4.3 Princípios básicos para projeto em madeira 139
Concepção arquitetônica 139
Detalhamento construtivo 141
Obra e uso/manutenção 141
4.4 Sistemas construtivos 148
4.4.1. Pilar-viga 151
4.4.2 Entramado 161
4.4.2.1. Enxaimel 161
4.4.2.2. *Balloon Frame* 162
4.4.2.3. Plataforma (*wood frame*) 164
4.4.2.4. Panelizado 167
4.4.3. Parede maciça 167
4.4.3.1. Sobreposição de toras (*log construction*) 167
4.4.3.2. Madeira engenheirada 170
Referências bibliográficas 175

Sobre os autores 177
Sobre os ilustradores 181

Apresentação

Akemi Ino
Lucia Shimbo

A madeira é utilizada na construção do habitat desde os primórdios da humanidade, perpassando civilizações e culturas. No século XXI, a estrutura de madeira está entre as cinco mais empregadas para a construção de edifícios, junto com a de concreto, aço, alvenaria e as estruturas compostas (INTERNATIONAL ENERGY AGENCY, 2019). Há uma tal diversificação do uso da madeira na construção que nos leva a um paradoxo, principalmente nos países em desenvolvimento, como é o caso brasileiro.

Grande parte da construção civil brasileira utiliza a madeira como um material para execução de serviços durante o canteiro de obras (formas e escoramento para estruturas de concreto, por exemplo) ou como parte do sistema de cobertura (telhados de madeira) ou, ainda, para esquadrias (janelas e portas) e demais acabamentos (forros, pisos, rodapé). Apesar do avanço na difusão de sistemas construtivos em madeira que se acelerou desde o final do século XX no país, ainda enfrentamos barreiras sociais e culturais que conotam o uso da madeira como temporário e perecível, associada às habitações precárias e de baixa durabilidade. Ou, em conotação oposta, é a estrutura de madeira tão valorizada em residências de proprietários de alta renda ou em sistemas construtivos mais industrializados e que apresentam um alto custo, resultando num entrave para essa difusão. Ao mesmo tempo, temos um clima e, ainda, uma considerável quantidade de florestas que potencializariam a utilização da madeira como material principal de sistemas construtivos para diferentes tipos de edifícios e grupos sociais.

A presente obra didática busca contribuir para a superação desse paradoxo e para a difusão da madeira na arquitetura e na construção no Brasil. O objetivo é apresentar de forma clara e didática os princípios, os processos e os detalhes da construção em madeira para que estudantes, profissionais, professores e pesquisadores passem a prescrever, cada vez mais, a madeira como objeto de estudo, de trabalho e de construção de edifícios. Esse objetivo se justifica na medida em que um dos entraves ao uso do material é justamente a ausência de recursos humanos capacitados atuando na área (BITTENCOURT; HELLMEISTER, 1995).

Com a difusão da construção em madeira no Brasil, contribuímos também para a mudança do paradigma do setor da construção civil, voltado hoje para a utilização do concreto. Essa mudança se torna premente, tendo em vista a emergência das mudanças climáticas, que se tornam ainda mais perversas em países com grandes desigualdades sociais. De acordo com o sexto relatório do Painel Intergovernamental sobre Mudanças Climáticas (IPCC), lançado em 2022, as emissões globais de gases de efeito estufa (GEE) de edifícios correspondiam a 21% das emissões globais de GEE no ano de 2019. Desdobrando-se essa parcela dos edifícios, 57% provêm das emissões indiretas da geração de eletricidade e calor, 24% são emissões diretas produzidas no local e 18% são emissões incorporadas do uso do cimento e aço (IPCC, 2022, p. 17).

Procurando mitigar esses efeitos ambientais, ao invés de pensarmos os edifícios como emissores de GEE, podemos imaginá-los como *reservatórios de carbono* quando usamos a madeira. Isso porque ela armazena carbono durante a vida útil do edifício, ao ser utilizada como material construtivo – estoca perto de uma tonelada de CO_2 para cada 1 m^3 de madeira aplicada como parte constituinte da edificação, ao longo de todo seu ciclo de vida (KUITTINEN, LUDVIG, WEISS, 2013; LEHMANN, 2013). Além disso, apresenta uma proporção relativamente pequena de emissões de carbono durante sua produção, comparada em volume, desde que proveniente de processo de extração e de beneficiamento que potencializem o uso do recurso florestal (PUNHAGUI, 2014).

Além de ser um dos únicos materiais que armazena quantidades significativas de CO_2 da atmosfera, a madeira é de fácil biodegradabilidade, proveniente de fonte de recurso renovável, o que acontece tanto por meio dos plantios florestais quanto pelo manejo adequado de florestas nativas. O ciclo de regeneração das florestas permite uma fonte praticamente inesgotável de recursos: a madeira pode ser plantada, colhida e utilizada infinitamente enquanto houver capacidade de suporte do planeta Terra.

Para a produção de componentes construtivos em madeira, se comparada ao cimento e ao aço, é preciso uma baixa quantidade de energia gasta em sua obtenção e processamento, o que reduz a energia incorporada de elementos com ela produzidos (LEHMANN, 2013). A baixa relação entre densidade e resistência do material permite a redução do peso da estrutura do edifício, possibilitando uma quantidade menor de materiais aplicados nos sistemas de fundação, por exemplo (KOLB, 2008). A madeira também possui alto grau de reutilização e reciclagem, quando empregada a partir de princípios de montagem e desmontagem, podendo ser utilizada como fonte de bioenergia ao final de seu ciclo de vida (HOWE, 2015; HILDEBRANDT, HAGEMANN, THRÄN, 2017).

Além dessas vantagens ambientais, a madeira pode ser utilizada em sistemas construtivos que não dependem de grandes estruturas de produção, ao contrário do cimento e do aço, que são fornecidos por oligopólios ou até monopólios. Possibilita, assim, a produção tanto em pequenas unidades de pré-fabricação (serrarias e marcenarias) quanto em fábricas de alta tecnologia. Como sistema construtivo, apresenta possibilidades de maior padronização e de implementação de processos de pré-fabricação de componentes construtivos, que diminuem o tempo das obras (ARRUDA, 2000). Dessa forma, contempla também as dimensões econômicas e sociais dentro do horizonte da sustentabilidade da arquitetura e da construção.

Podemos acrescentar, ainda, outras vantagens do uso da madeira para construção de edifícios: facilidade de manuseio e grande trabalhabilidade do material; grande resistência mecânica, em vista da sua densidade diminuta; agradabilidade ao tato e conforto ao ser humano por ser um material orgânico; possibilidade de reaproveitamento, com pouca perda de material nas reformas e ampliações (INO, 1992). Ademais, trata-se de um material de alto desempenho e durabilidade, desde que adotados alguns princípios fundamentais em sua produção, seu uso e sua manutenção.

Do ponto de vista do ensino, o projeto e a construção de edifícios em madeira são de fácil apreensão e compreensão, desde que se conheça as características do material e seu comportamento, para especificar seu melhor uso, bem como as suas opções construtivas, que são muitas. Nesse sentido, procuramos simplificar o entendimento sobre o panorama dos sistemas construtivos em madeira e aperfeiçoar o diálogo entre princípios de projeto e de construção. Este trabalho é fruto de mais de 40 anos de atuação no ensino e na pesquisa nas disciplinas de tecnologia das construções em cursos de arquitetura e engenharia civil.

Para a presente obra didática, além dessa trajetória de reflexão e de atuação, foram adotadas as estratégias metodológicas de pesquisa bibliográfica e documental, realizadas por diversos estudantes de pós-graduação e de graduação, sob supervisão das organizadoras.

Esta obra está organizada em quatro capítulos, além de uma introdução que sintetiza o histórico da construção em madeira no Brasil. No Capítulo 1, são apresentadas a classificação botânica, a formação e a composição anatômica da madeira enquanto material natural, assim como são descritas as suas características como material construtivo. O Capítulo 2 destaca as propriedades físicas e mecânicas da madeira, cujo conhecimento é fundamental para o pré-dimensionamento de estruturas em madeira. O Capítulo 3 elenca os diversos produtos da madeira disponíveis no mercado da construção civil, procurando ampliar as possibilidades de aplicação desses produtos nos projetos de edifícios. Por fim, no Capítulo 4, são apresentadas as questões que precisam ser levadas em consideração no momento das concepções estrutural, construtiva e arquitetônica, envolvendo princípios básicos para garantir a durabilidade do edifício e o conhecimentos sobre os diferentes sistemas construtivos em madeira e seus respectivos arranjos estruturais, detalhes construtivos e processos de fabricação.

REFERÊNCIAS BIBLIOGRÁFICAS

ARRUDA, M. P. *Diretrizes para projeto arquitetônico de habitação social em pinus produzida por mutirão.* Dissertação (Mestrado) – Escola de Engenharia de São Carlos, Universidade de São Paulo, São Carlos, 2000.

BITTENCOURT, R. M.; HELLMEISTER, J. C. *Concepção arquitetônica da habitação em madeira.* Boletim Técnico da Epusp, BT/PCC/155, São Paulo, 1995.

HILDEBRANDT, J.; HAGEMANN, N.; THRÄN, D. The contribution of wood based construction materials for leveraging a low carbon building sector in Europe. *Sustainable Cities and Society*, 34, 2017, p.405-418. Doi: 10.1016/j.scs.2017.06.013.

HOWE, J. Building with wood: proactive climate protection. *Dovetail Partners.* Minneapolis, 2015. Disponível em: https://www.dovetailinc.org/portfoliodetail.php?id=5e-2b289fcc05c. Acesso em: 14 ago. 2023

INTERNATIONAL ENERGY AGENCY. *Material efficiency in clean energy*, 2019. Disponível em: https://www.iea.org/. Acesso em: 14 ago. 2023.

INO, A. *Sistema estrutural em eucalipto roliço para habitação.* Tese (Doutorado em Engenharia de Construção Civil) – Escola Politécnica, Universidade de São Paulo, São Paulo, 1992.

INTERGOVERNMENTAL PANEL ON CLIMATE CHANGE (IPCC). Chapter 9: Buildings. In: *Sixth Assessment Report*, IPCC AR6WGIII, Final Government Distribution. Disponível em: https://www.ipcc.ch/report/sixth-assessment-report-working-group-3/.

KOLB, J. *System in timber engineering.* Suíça: Birkhäuser, 2008.

KUITTINEN, M.; LUDVIG, A.; WEISS, G. (ed.). *Wood in carbon efficient construction: tools, methods and applications.* Bélgica: CEI Bois, 2013.

LEHMANN, S. Low carbon construction systems using prefabricated engineered solid wood panels for urban infill to significantly reduce greenhouse gas emissions. *Sustainable Cities and Society*, 6, 2013, 57 67. Doi: 10.1016/j.scs.2012.08.004.

PUNHAGUI, K. R. G. *Potencial de reducción de las emisiones de CO2 y de la energía incorporada en la construcción de viviendas en Brasil mediante el incremento del uso de la madera.* Universidad Politécnica de Cataluña e Universidade de São Paulo, Barcelona/São Paulo, 2014.

INTRODUÇÃO
Breve histórico da construção em madeira no Brasil

Erich Kazuo Shigue

Este capítulo é uma revisão e uma atualização de parte da dissertação do autor intitulada "Difusão da construção em madeira no Brasil: agentes, ações e produtos" (ver: SHIGUE, 2017).

O Brasil é um país florestal, onde cerca de 463 milhões de hectares, correspondendo à 54,4% de todo o território nacional, é coberto por florestas (MMA, 2012), o que nos coloca em segundo lugar entre os países com maior área florestal, atrás somente da Rússia (FAO, 2006). Existe, ainda, uma pequena parcela do total de áreas florestais, representando apenas cerca de 1,5% de sua área total, que é composta pelas chamadas florestas plantadas, que são aquelas criadas artificialmente por meio de prática da silvicultura, destinada à exploração de seus recursos. Apesar de ter uma área pouco representativa em comparação às florestas nativas, com cerca de 7,8 milhões de hectares distribuídos por diversos estados de norte a sul do país, as florestas plantadas são responsáveis por 91% de toda a madeira produzida para fins industriais no Brasil (IBÁ, 2016). Além disso, a produtividade do setor está em torno de 40 a 41 m^3/ha. ano, o que coloca as florestas plantadas brasileiras entre as mais produtivas do mundo, inclusive acima de países com tradição no setor florestal, como a Finlândia (PUNHAGI, 2014). Ainda, apesar de ter uma produção significativamente inferior, em parte em virtude de pressões para a redução do desmatamento, as florestas nativas também são exploradas, sendo o Brasil um dos maiores produtores, bem como um dos maiores consumidores de madeira tropical do mundo (ITTO, 2014).

Diante desse cenário de abundância de recursos florestais com elevadas taxas de produtividade, aliado a uma indústria de base florestal que explora tais recursos, o Brasil faz pouco uso da madeira como material construtivo e, apesar do setor da construção civil ser um grande consumidor desse recurso, ela é usada principalmente para fins de caráter provisório, como andaimes, formas de moldagem e estruturas de escoramento para o concreto. Outro uso comum da madeira é na forma de móveis, esquadrias e produtos de acabamento, como pisos e forros.

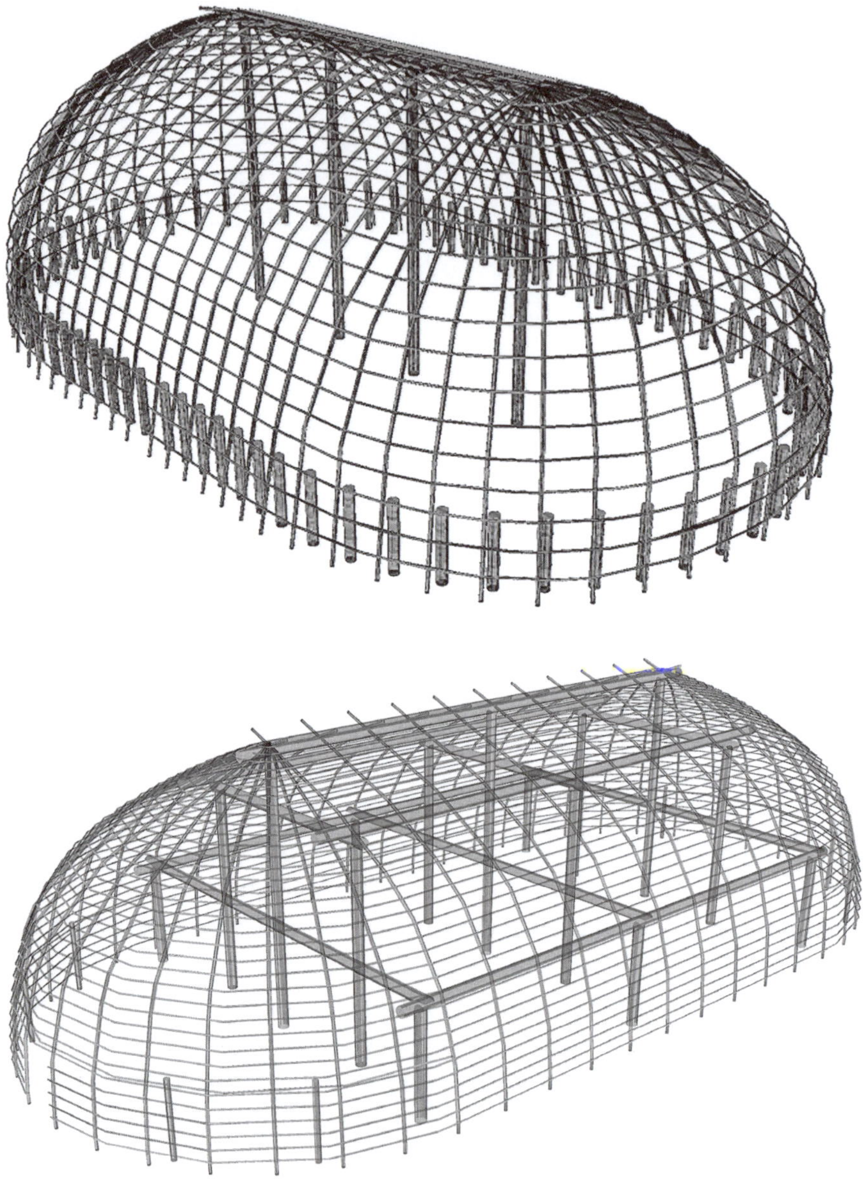

FIGURA 0.1

Perspectiva de duas estruturas em madeira produzida por tribos indígenas. Na figura no alto, a casa Paresí; na figura acima, a casa Bakairi.

Crédito: acervo pessoal Portocarrero (2018).

Porém, sua utilização ainda é pouco comum na composição de estrutura principal ou vedação das edificações. Para compreender as motivações por trás dessa aparente incoerência, se faz necessário um apanhado histórico do contexto brasileiro da construção civil, com foco no uso da madeira.

Das construções indígenas ao início do século XX

Originalmente, a maior parte da extensão territorial brasileira era coberta por florestas. Assim, a madeira, abundante, resistente e renovável foi naturalmente o principal material utilizado nas construções das diversas etnias indígenas espalhadas ao longo do território nacional. Embora haja uma escassez acerca de registro e informações a respeito, sabe-se que em razão da imensa diversidade de comunidades indígenas (e, consequentemente, dos seus modos de vida), além da variedade de ecossistemas e climas, foram desenvolvidas inúmeras tipologias construtivas. Há, inclusive, estruturas de madeira de grande porte, capazes de abrigar dezenas de pessoas, além de formas e tamanhos plurais de construções, como ilustram a Figura 0.1.

Com a chegada dos portugueses e o início do processo de colonização, houve a implantação de um novo modo de construir. O sistema construtivo usado passou a ser composto por fundação de pedras, paredes de alvenaria e vedação da cobertura em telhas cerâmicas, com a madeira utilizada de forma secundária, em esquadrias, barroteamento, assoalhos, forros e estrutura de telhado. As construções desse período foram marcadas pelos baixos rigores técnico e construtivo, em geral empregando mão de obra escrava. Em todo o país, de norte a sul, onde houve a ocupação de colonos portugueses, foram adotadas tecnologias construtivas semelhantes (REIS FILHO, 2006).

Nesse período, o que diferenciava as classes sociais eram os materiais utilizados e a tipologia das edificações. As residências térreas eram destinadas à população de renda inferior, enquanto os sobrados eram destinados aos mais abastados. Nestes, o piso térreo era em terra batida, ao passo que o piso superior era assoalhado, de modo que, além da função estética, a madeira servia como solução estrutural para a laje entre o térreo e o primeiro pavimento.

No que se refere ao sistema de vedação vertical, a terra crua empregada nas paredes de adobe e taipa de mão eram destinadas às edificações mais simples, enquanto as mais elaboradas faziam uso de pedra e terra ou, ainda, em casos mais raros, de tijolos ou pedra e cal (REIS FILHO, 2006). Neste caso, a madeira utilizada era associada às classes sociais inferiores, uma vez que compunham as paredes de taipa de mão. Embora o material não fosse empregado de forma aparente, o sistema estrutural desse tipo de parede é composto por madeira e terra crua, conformando paredes portantes. Segundo Mello (2007), as construções que utilizam taipa de mão podem ser consideradas como vertentes da arquitetura em madeira no Brasil.

A partir da metade do século XIX, houve significativas mudanças socioeconômicas no cenário nacional, causando transformações no modo de construir, influenciadas pelo início da implantação das linhas ferroviárias e pela importação de equipamentos pesados como máquinas a vapor e serras. Tais instrumentos propiciaram a fabricação de componentes construtivos que até então eram importados, aumentando sua produtividade e sua qualidade, e permitiu a expansão dos territórios explorados (REIS FILHO, 2006). E é nesse período que começam a chegar ao Brasil os primeiros imigrantes não portugueses, que substituiriam a mão de obra escrava utilizada até então. Entre esses novos trabalhadores estrangeiros, estavam pessoas altamente qualificadas, que trouxeram consigo a experiência e o conhecimento do modo de construir de seus respectivos países de origem.

Nesse período, o setor da construção civil foi marcado por uma grande demanda para a construção de edificações (habitacionais, institucionais, comerciais) e a infraestrutura urbana, resultado do aumento populacional e do crescimento das cidades, além de infraestrutura para a exploração de novas áreas e para o escoamento da produção. Consequentemente, há o surgimento das primeiras construtoras, que utilizam, em sua grande maioria, a mão de obra imigrante (IPT,[1] 1987, *apud* CESAR, 1991).

O desenvolvimento econômico do período fomentado pelo ciclo do café, a introdução de maquinários e a utilização da mão de obra imigrante qualificada permitiu a construção de grandes obras de infraestrutura entre portos, ferrovias e redes de saneamento, além de novas edificações, com a ampliação da quantidade de casas construídas com tijolos e telhas cerâmicas do tipo marselha, materiais construtivos industrializados. No início do século XX, no estado de São Paulo, a maioria das construções já era feita com esses componentes, substituindo as construções em terra, o que demonstra a popularização dos tijolos, que inicialmente eram reservados somente às classes sociais mais ricas (SANTOS, 2008).

Concomitantemente, com a importação de equipamentos vindos principalmente da Europa, surgiram as primeiras serrarias, que, por sua vez, possibilitaram novos usos à madeira. A madeira serrada com tais equipamentos tinha melhor acabamento e precisão, o que permitiu a produção de esquadrias de maior qua-

1. Obra original – Constituição e desenvolvimento da indústria da construção civil no Brasil. In: IPT *Relatório nº 25464* – Diagnóstico da indústria da construção-civil – Fase I – Relatório final, ago. 1987. p. 5-34.

lidade, assoalhos encerados com junções de melhor acabamento e uniformidade, em substituição às tábuas largas e imperfeitas e ao desenvolvimento de elementos de ornamentação com maior grau de complexidade, além da confecção de móveis finos (REIS FILHO, 2006).

O final do século XIX marca o início da ocupação na região oeste do estado do Paraná, feita por imigrantes provenientes de diferentes países europeus (Alemanha, Polônia, Ucrânia, Rússia). A atividade econômica inicial foi a exploração da erva-mate. Em virtude da infraestrutura instalada para escoar a produção e da grande abundância de árvores de grande porte, com destaque para o pinho-do-paraná, ou araucária e a peroba-rosa, foram instaladas rapidamente diversas serrarias na região, que exportavam a maior parte de seus produtos para os Estados Unidos e para a Europa (SILVA, 2010). Paralelamente à exploração da madeira para exportação, os imigrantes também foram responsáveis pela construção de diversas vilas e cidades, utilizando a madeira como o principal material construtivo. Com a instalação das serrarias, houve a padronização dos componentes construtivos em madeira, sendo este um dos fatores que permitiu a difusão do material na arquitetura popular da região Sul, além da disponibilidade de matéria-prima e mão de obra qualificada (ZANI, 2013).

A produção das edificações em madeira no período foi bastante diversificada, conforme ilustrado na Figura 0.2, desde o enxaimel trazido pelos alemães, amplamente utilizado, em especial no estado de Santa Catarina, pelos poloneses, que construíram por meio da sobreposição de troncos de árvores dispostos horizontalmente, casas marcadas pela presença de sótão e pelo uso de lambrequins como elemento de composição da fachada, conhecida popularmente como "casa de polaco".

O século XX

Em continuidade ao período anterior, segue o intenso processo de urbanização das cidades brasileiras, sucedido pelo aumento populacional. O setor da construção civil continua em alta, com uma grande demanda tanto no setor de edificações quanto de infraestrutura. O crescimento e o adensamento das cidades marca o início do processo de verticalização dos centros urbanos, o que foi possível por meio do emprego do concreto. Além disso, houve a introdução de novos materiais, entre eles os tijolos de seis e oito furos, em 1935, usados para a vedação dos edifícios de múltiplos pavimentos; as lajes mistas, compostas por vigotas de concreto e lajotas cerâmicas; as louças sanitárias, em 1936; e as telhas de fibrocimento, em 1937. Houve, também, a implantação da Companhia Siderúrgica Nacional (CSN) constituindo a base da indústria nacional do aço, em 1934, e a

FIGURA 0.2

Exemplos de edificações construídas pelos primeiros imigrantes da região sul do país, sendo (esquerda) enxaimel; (direita) sobreposição de troncos.

Créditos: (esquerda) acervo pessoal Shigue (2017); (direita) – Wikimedia Commons.

criação da Associação Brasileira de Normas Técnicas (ABNT), em 1940, assim como a regularização das profissões de arquiteto e engenheiro, em 1966 (IPT, 1987, *apud* CESAR, 1991).

Esse período foi marcado, ainda, pela instauração e consolidação da cultura do concreto no Brasil, atingindo o seu auge nos anos 1960 com a construção de Brasília (SANTOS, 2008). Foram diversos os motivos que levaram a essa consolidação, entre eles a grande demanda do setor da construção civil, a organização profissional, a fabricação da matéria-prima em escala industrial e o desenvolvimento da arquitetura moderna. O concreto era versátil e podia ser usado tanto em obras de infraestrutura quanto em edificações, dentre as quais algumas só poderiam ser feitas em concreto armado, tais como barragens e edifícios de múltiplos pavimentos, o que o fez ganhar popularidade entre arquitetos e engenheiros (TELLES, 1993). Outro ponto é que, nesse período, a arquitetura moderna ganhava notoriedade por todo o mundo, assim como no Brasil. Conforme afirma Santos (2008), a arquitetura moderna e o concreto armado agiram como catalisadores um do outro. A própria ABNT foi concretizada a partir dos esforços para a normatização do concreto no país.

Diferente de outras tecnologias construtivas, como as de madeira utilizadas na época, as construções em concreto armado dispensavam a necessidade de mão de obra especializada (SANTOS, 2008), o que permitiu incorporar o grande contingente populacional que se deslocava do campo para a cidade. Outros fatores que também contribuíram para a sua consolidação foram a disponibilidade de matéria-prima no Brasil, evitando a necessidade de importação, como acontecia com o aço, e ainda a facilidade de transporte, realizada em sacos.

Paralelamente, na região sul, em especial no Paraná, ocorre o período auge das construções em madeira. No final da década de 1920, visando à exploração da madeira e ao aumento da fronteira agrícola, a Companhia de Terras do Norte do Paraná, de origem inglesa[2], dá continuidade à colonização da região mediante a implantação de cidades planejadas. Os pioneiros dessa ocupação são compostos por imigrantes vindos da Alemanha, da Itália e do Japão, mas também por brasileiros vindos de São Paulo, de Minas Gerais e da região Nordeste (ZANI, 2013).

Com a decadência da exportação da erva-mate, a partir de 1930, intensifica-se a exploração da madeira. Nesse contexto, grandes empresas se instalam na região, com destaque para a Southern Brazil Lumber and Colonization Company (Lumber Co.), que na década de 1940 se tornaria a maior serraria da América do

2. Anos depois, a companhia foi vendida a empresários brasileiros e passou a ser chamada Companhia Melhoramentos do Norte do Paraná.

Sul, explorando os estados do Paraná e de Santa Catarina (SILVA, 2010). Outra grande empresa da época foi a Industrial Madeireira Colonizadora Rio Paraná (MARIPÁ), com atuação na região oeste do Paraná entre 1940 e 1960. Grande parte de sua produção foi destinada à construção de Brasília, fator que impulsionou a economia da região (GUTIERREZ, 2008).

Já na década de 1930, é constatada a preocupação com o desmatamento desenfreado e a eventual escassez das áreas florestais, principalmente de araucária no Paraná. Dessa maneira, em 1934, é aprovado o primeiro Código Florestal, que estabelece limites para a utilização dos recursos florestais, além de prever a sua reposição. Apesar disso, por conflitar com interesses econômicos e políticos do momento, sua implantação não foi efetivada (SILVA, 2010).

Por outro lado, em 1906, o plantio do eucalipto foi introduzido no Brasil como solução ao esgotamento das reservas florestais do estado de São Paulo. O objetivo foi plantar espécies de rápido crescimento para suprir a demanda das ferrovias, tanto no que se refere à produção de dormentes quanto à de carvão utilizado como combustível das locomotivas (SNIF, 2017). No Paraná, o processo de plantio para fins comerciais se iniciou somente a partir da década de 1940, quando foi constatado o iminente esgotamento florestal. Em 1943, foi introduzido o plantio do eucalipto e da araucária e, em 1951, do pinus, havendo a expansão dessas reservas florestais plantadas nas décadas seguintes (SILVA, 2010).

Esse processo de exploração madeireira na região Sul proporcionou o desenvolvimento de uma singular arquitetura em madeira, que atingiu seu auge entre 1940 e 1960, período chamado de Eldorado (ZANI, 2013). Marcado por uma arquitetura rica e diversificada, com várias tipologias construtivas, formas e tamanhos, a madeira era utilizada como material predominante, compondo tanto a estrutura quanto a vedação das edificações. Não somente casas, mas construções públicas e de grande porte, entre igrejas, hospitais, clubes e edificações comerciais foram construídas em madeira, marcando a paisagem local (ZANI, 2013).

As primeiras construções das novas colônias eram bastante simples, pois tinham, em geral, um caráter provisório, em função da urgência da ocupação territorial. Já as construções subsequentes possuíam uma qualidade e um nível de acabamento muito superiores, consolidando um sistema construtivo único e predominante, composto por vedação mata-junta com as tábuas dispostas na vertical, embora também tenha havido construções com tábuas dispostas na horizontal. Nesse sistema composto por estrutura do tipo pilar-viga, as tábuas mata-junta, além de vedação, também tinham como função estabilizar todo o conjunto, visto que as construções contavam com vigas e pilares de pequena seção (ZANI, 2013). Construídas a partir da década de 1940, essas edificações

FIGURA 0.3

Exemplo de edificações construídas em madeira no Paraná.

Crédito: acervo pessoal Zani (2013).

eram feitas com elevada qualidade construtiva e estética (Figura 0.3). Na época, a mão de obra, a demanda e a matéria-prima eram tão abundantes e disponíveis que havia corporações de carpinteiros capazes de construir pequenas casas em um único dia.

Em determinadas regiões do estado de São Paulo também houve, no mesmo período, o desenvolvimento de construções em madeira, como em Presidente Prudente e outras cidades da região do extremo oeste do estado (BITTENCOURT, 1995), assim como em algumas cidades do centro, como Assis, Marília e Bauru, embora em menor escala do que no sul (ZANI, 2013). Tal fator é decorrente, provavelmente, da disponibilidade de matéria-prima na região, além da proximidade com empresas fornecedoras de madeira.

Apesar do período compreender o auge do desenvolvimento das construções em madeira, na região Sul, no estado do Paraná, contrariamente, houve nessa mesma época, a instauração de leis que proibiam ou limitavam a construção de edificações em madeira nas áreas urbanas em Curitiba, Londrina e todas as cidades de médio porte na região. A exemplo disso, em 1951, no município de Londrina, foi implantado o Código de Obras que proibia a construção de novas edificações em madeira em determinado quadrilátero na região central, embora naquele momento tal área já estivesse repleta de edificações em madeira. De acordo com Zani (2013), tais medidas tinham como objetivo impedir a construção de novas edificações com o material, uma vez que o uso da material era considerado um símbolo de atraso, visto que no mesmo período houve a consolidação do concreto como principal material construtivo, representativo do movimento moderno e do progresso da arquitetura brasileira.

As florestas nativas de Santa Catarina e do Paraná vinham sendo exploradas extensivamente, tanto para produção local, quanto para exportação, havendo quase nenhuma preocupação com a sua reposição. Na década de 1960, foi novamente constatada a forma insustentável dessa exploração, gerando a previsão de uma futura escassez dos recursos. Com a intenção de frear o desmatamento, foi implantado, em 1965, o 2º Código Florestal, incapaz de evitar a crise que já havia sido antecipada e que veio a se concretizar na década seguinte (SILVA, 2010). A partir de 1970, as construções já apresentam simplificação volumétrica, ausência de elementos decorativos e emprego de novos materiais construtivos, como telhas de fibrocimento e esquadrias metálicas, o que configurou uma completa descaracterização da arquitetura em madeira produzida no período anterior.

Além da elevação do custo da matéria-prima, outro fator relevante na decadência das construções em madeira foi a falta de mão de obra. Inicialmente abundante, com a chegada dos imigrantes ao Brasil, o ofício da carpintaria que tradicionalmente era passado entre gerações da mesma família foi progressivamente descontinuado, tornando-se escasso. Mesmo no período de auge das construções em madeira não houve a implantação de escolas e centros de capacitação, principalmente em nível técnico, para a atuação no beneficiamento e industrialização dessa matéria-prima (SILVA, 2010).

Após o esgotamento das reservas florestais nativas na região Sul, houve duas ações distintas visando a amenizar a crise do setor. Uma delas foi a introdução dos plantios florestais, principalmente na região Sul e no estado de São Paulo, e a outra foi o incentivo à transferência da indústria madeireira para a região norte, visando à exploração da floresta Amazônica. Esta última compunha o Plano de Valorização da Amazônia, colocado em prática a partir de 1966 por intermédio de subsídios, como incentivo a essa migração (SILVA, 2010).

No Paraná e em Santa Catarina, apesar de iniciados os plantios florestais na década de 1940, essas ações inicialmente não geraram muita repercussão. Somente nas décadas de 1960 e 1980, quando houve incentivos por parte do governo federal para o reflorestamento da região, por meio de três programas que contaram com um subsídio na forma de doação de recursos tanto financeiros quanto materiais, é que houve o aumento das áreas de florestas plantadas. Ambos os estados tiveram também programas estaduais de incentivo aos plantios florestais, dada a importância econômica da atividade na região (BACHA, 2008; SILVA, 2010).

No entanto, a substituição das madeiras oriundas de florestas nativas pelas plantadas careceu de um desenvolvimento orientado. Apesar de ter havido o aumento das áreas plantadas, não foi previsto um direcionamento da matéria-prima, o que, conforme aponta Silva (2010), fez com que fosse perdida a oportunidade de se estabelecer uma conexão entre o setor produtor de base com o setor de transformação e industrialização, impactando, consequentemente, a relação do produtor de madeira com a outra ponta da cadeia produtiva no setor da construção civil. O autor ainda aponta que os principais beneficiados pelos programas de reflorestamento foram as fábricas de celulose e o setor de siderurgia, que são as prevalecentes proprietárias das florestas plantadas atualmente.

Na região Sul, em razão do clima mais frio, foram plantadas espécies predominantemente do gênero pinus, que se adaptou bem às condições climáticas locais, apresentando taxas de crescimento, inclusive, superiores às de sua região de origem. Com a disponibilidade dessa nova matéria-prima, seu baixo custo e alta demanda por moradias na região, a madeira de pinus foi utilizada na construção de edificações habitacionais, destinadas principalmente à população de baixa renda. São muito comuns na região Sul os *kits* de peças pré-cortadas, que

FIGURA 0.4

Moradia em madeira produzida a partir de kit pré-fabricado em pinus.

Fonte: acervo pessoal Oliveira (2003).

solucionam a questão de moradias econômicas de rápida montagem e de custo acessível no Brasil, ilustrado na Figura 0.4.

Esse modelo de construção teve origem nas serrarias que comercializavam um conjunto de componentes construtivos, como kit de edificação residencial a ser montado, em grande parte, por autoconstrução. Esse tipo de edificação quase sempre era visto como uma moradia provisória (BENEVENTE, 1995). Sua popularização foi resultado de seu baixo custo e da alta demanda por habitação.

Em função da desconexão dos plantadores de florestas com o setor da construção civil em madeira, não houve a aplicação de práticas que pudessem aumentar a qualidade da madeira, tal como o desbaste (que consiste na retirada de algumas árvores para permitir que as remanescentes tenham melhor desenvolvimento) ou a derrama (quando são cortados os galhos inferiores, visando a evitar a formação de nós que reduzem a resistência mecânica da madeira). No que se refere aos projetos, eles raramente foram pensados e detalhados ponderando a utilização da madeira, contribuindo para a exposição do material a condições desfavoráveis ao seu melhor desempenho. Como consequência desse conjunto de fatores, essas construções resultantes de *kits* de casas pré-fabricadas com madeira de pinus possuíam uma qualidade muito ruim, com baixos isolamentos térmico e acústico, além de baixa durabilidade, constituindo-se em habitações precárias. Embora esse tipo de sistema construtivo tenha contribuído em determinado momento histórico para suprir a demanda por habitação destinada à população de baixa renda, também foi um dos fatores responsáveis por associar a madeira a construções de má qualidade (OLIVEIRA, 2003).

Cabe ressaltar, no entanto, que a produção de edificações habitacionais em madeira não se restringiu somente a essa tipologia construtiva, nesse momento histórico. Havia empresas que atuavam com produtos de qualidade superior, destinados a famílias de classes média a alta, que se diferiam principalmente no sistema construtivo utilizado. Enquanto as habitações de baixo custo faziam uso do sistema mata-junta, as de custo mais elevado eram feitas no sistema de encaixe em montantes.

Iniciativas de introdução de tecnologias construtivas industrializadas em madeira

Além do protagonismo da madeira na formação das primeiras colônias e cidades na região Sul, algumas personalidades e tecnologias também se destacaram em períodos específicos ao longo do século XX, sendo válido inserir sua contribuição neste relato histórico. Assim, serão citados três sistemas construtivos industrializados em madeira significativos que foram introduzidos em momentos distintos: o sistema Hauff, a madeira lamelada colada (MLC) e o *wood frame*.

Sistema Hauff

O *sistema Hauff* teve importante contribuição para o uso da madeira para estruturas, sendo introduzido no Brasil pelo engenheiro austríaco Erwin Hauff. Após concluir o curso de engenharia civil na Escola Politécnica de Munique em 1920, ele se mudou com sua família para o Brasil. Hauff passou a atuar no desenvolvimento e na construção de estruturas treliçadas em madeira desde a sua chegada ao país, inicialmente como profissional autônomo e, em 1929, por meio da empresa Hauff. Sua contribuição tecnológica se deu no emprego de cavilhas nas ligações das treliças, permitindo a construção de vãos maiores do que eram até então feitos na época (CESAR, 1991).

O auge do sistema Hauff ocorreu durante a década de 1930, quando suas estruturas tiveram repercussão tanto nacional quanto internacional. Destacam-se em sua carreira obras de grandes dimensões, como o hangar da antiga empresa Varig no aeroporto de Congonhas na capital paulista, com uma cobertura com vão de 70 metros, e arcos para cimbres de ponte rodoviária de 78 metros para uma ponte na Estrada Santos-Cubatão (CESAR, 1991). Seu sucesso ocorreu em consequência de um conjunto de fatores, entre os quais a disponibilidade de mão de obra qualificada e o contexto histórico. Inicialmente, a empresa Hauff utilizava predominantemente mão de obra imigrante, que durante seus primeiros anos era abundante e qualificada. A empresa contava com um contingente de mestres carpinteiros de origem predominantemente europeia, entre alemães, austríacos, italianos, espanhóis, portugueses e lituanos. Além disso, quando a Hauff foi criada, o concreto e a siderurgia ainda estavam em processo de desenvolvimento no país, o que colocava a madeira como solução mais adequada, capaz de resolver a maior parte das estruturas necessárias na época.

No entanto, após um período de auge, a partir de 1950 a empresa passou por crises em diversos setores. Apesar da Hauff atuar na formação de funcionários, por meio da troca de conhecimentos de forma empírica entre os carpinteiros, houve a escassez de mão de obra, o que levou Hauff a recrutar carpinteiros na Alemanha, medida que, mesmo tendo algum resultado, foi insuficiente. Além disso, houve uma grande redução na demanda de trabalho, uma vez que neste momento a madeira competia com o aço e, principalmente, com o concreto, que já estabelecia sua hegemonia. Aliado a isso, anos mais tarde, houve o esgotamento das florestas nativas no sul do país, causando o aumento no valor da matéria-

FIGURA 0.5

Obras de infraestrutura construídas com o sistema Hauff.

Fonte: acervo pessoal Cesar (1991).

-prima. Em consequência de todas essas mudanças, a Hauff, que inicialmente trabalhava somente com madeira, passou a realizar estruturas pré-moldadas de concreto, a partir de 1957, e, posteriormente, estruturas em aço, no final da década de 1960, fato que ocorreu após o falecimento de Erwin Hauff em 1960. Nesses períodos finais, a madeira era utilizada somente em situações em que o aço não poderia substituí-la.

Segundo Cesar (1991), entre os principais legados deixados por Hauff estão as suas obras, que serviram de inspiração para outros profissionais da época, e a formação de mão de obra, servindo de escola para muitos funcionários que passaram pela empresa, entre mestres carpinteiros, desenhistas e projetistas. Inclusive, alguns funcionários que se especializaram no desenvolvimento de estruturas de madeira na Hauff saíram da empresa para abrir suas próprias empresas. No entanto, o mesmo autor afirma que a participação dos profissionais no processo de projeto das estruturas de madeira se fazia de forma limitada, em que a concepção de cada projeto ficava sob a responsabilidade do próprio Erwin Hauff, assessorado apenas por sua equipe de engenheiros, não envolvendo, portanto, os profissionais de nível técnico que efetivamente realizavam a construção das estruturas. Erwin Hauff teve ainda participação na elaboração da norma NB 11:1951, a primeira norma sobre estruturas de madeira no país, que foi substituída somente em 1997 e novamente atualizada em 2022, a atual norma NBR 7190.

Madeira lamelada colada (MLC)

Outra tecnologia que teve uma atuação pontual, porém significativa, na história do uso da madeira na construção civil brasileira foi a MLC, responsável pela construção de grandes estruturas de madeira, predominantemente na região Sul do país. A tecnologia MLC possui mais de um século de existência, originando-se em 1901, quando o mestre-carpinteiro alemão Otto Hetzer realizou o patenteamento de vigas retas e, em 1906, de vigas curvas, ambas compostas por lâminas de pequena espessura unidas por um adesivo à base de caseína. Inicialmente difundido entre os países europeus vizinhos, o sistema Hetzer, como ficou conhecido, recebeu prêmios por demonstrar a viabilidade de construção de grandes vãos (BONO, 1996).

No Brasil, a primeira indústria a trazer a tecnologia e fabricar vigas de MLC foi a Esmara Estruturas de Madeira Ltda, em 1934, fundada no município de Curitiba (PR), por dois irmãos imigrantes de origem alemã. Anos depois eles se separaram, dando origem a duas empresas, sendo que uma delas permaneceu chamada Esmara Estruturas de Madeira Ltda, inaugurada em 1954 em Viamão, no Rio Grande do Sul. De acordo com Bono (1996), a atuação das duas empresas foi marcante na região Sul do país, tendo sido executadas entre 1.500 e 2.000 obras, informação que a autora obteve a partir de sua pesquisa de campo junto às empresas, embora comente no mesmo trabalho que não houve o registro dessas experiências. Posteriormente, outras empresas também passaram a atuar com a tecnologia, entre elas a Laminarco Madeira Industrial, fundada em São Paulo, capital, na década de 1960; a Pré-Montal Estruturas de Madeira, localizada em Curitiba (PR), fundada em 1977; e a Emadel Estruturas de Madeira, localizada em Araucária, também no estado do Paraná, em 1981. São, portanto, todas posteriores ao período auge das estruturas Hauff. A empresa Battistella Indústria e Comércio também chegou a fabricar vigas de MLC para as estruturas das casas pré-fabricadas comercializadas pela empresa. Devido ao período em que foram fundadas, as empresas mencionadas já faziam uso de madeiras provenientes de florestas plantadas, utilizando espécies dos gêneros pinus e eucalipto.

Ainda segundo Bono (1996), a tecnologia MLC teve o auge de sua demanda nas décadas de 1970 e 1980, mas posteriormente não houve continuidade no seu desenvolvimento. De acordo com a autora, tal resultado foi consequência do momento econômico e da falta de divulgação da tecnologia entre os profissionais da construção civil. No momento em que a sua pesquisa foi apresentada, em 1996, a empresa Pré-Montal executava somente 20% das obras em MLC, enquanto a Emadel havia paralisado sua produção. Atualmente, com exceção da Esmara Estruturas de Madeira, nenhuma delas está ativa no mercado. Embora em 1958 tenham surgido pesquisas no IPT a respeito da MLC pelo engenheiro químico Vinício Walter Callia (que poucos anos depois viria a fundar a empresa Laminarco), e, mesmo após décadas de utilização da tecnologia no Brasil, não houve o desenvolvimento de uma norma específica, provavelmente por terem sido iniciativas pontuais que não tiveram muita repercussão em nível nacional.

Wood frame

O *wood frame* foi introduzido no Brasil, provavelmente, no final da década de 1970, embora, conforme menciona Espíndola (2017), seja difícil datar com precisão quando ocorreu a primeira construção empregando tal sistema. Entre os pioneiros responsáveis pela introdução da tecnologia no país estão a Epotec Paraná Indústria e Comércio de Casas Pré-Fabricadas; a Battistella Indústria e Comércio; a Madezatti; e a Construtora Malacon. A empresa Madezatti afirma ter desenvolvido casas industrializadas a partir de 1967, e viu o auge de seu desenvolvimento entre as décadas de 1970 e 1980, quando foi considerada a maior empresa de pré-fabricados da América Latina, tendo construído mais de 5 milhões de metros quadrados em obras de caráter provisório destinadas a abrigar os trabalhadores que atuaram na construção de hidrelétricas pelo país, entre elas Itaipu (PR), Tucuruí (PA), Porto Primavera (SP), Caldas Novas e Minaçu (GO) (MADEZATTI, 2017). As empresas Epotec e Battistella também atuaram, inicialmente, na construção de vilas e alojamentos de caráter provisório para grandes obras de infraestrutura.

Na década de 1990, a empresa Battistella chegou a atuar na produção de habitações destinada a populações de faixa de renda mais elevada e a Construtora Malacon, com a produção de *kits* de casas pré-fabricadas, utilizando a tecnologia *wood frame* no início dos anos 2000. No entanto, após esse período, há dificuldades em encontrar registros sobre atividades envolvendo o sistema construtivo *wood frame*. Assim como ocorreu com as empresas pioneiras no uso da MLC, as quatro empresas que foram pioneiras na utilização do *wood frame* fecharam ou mudaram de atividade. A Battistella, que é a mesma que também empregou a tecnologia MLC, deixou de atuar no ramo de construção civil, dedicando-se apenas ao setor de base florestal. A Epotec passou a atuar exclusivamente com o *steel frame*, enquanto a empresa Madezatti focou a produção de componentes construtivos. Não foram encontradas mais informações sobre a Construtora Malacon (ESPINDOLA, 2017). Assim, pode-se concluir que o primeiro contato com a tecnologia *wood frame* foi pontual, havendo poucos registros da atuação das empresas no período, além da ausência de detalhamento técnico das construções.

Tendência de aumento do uso da madeira no século XXI

Desde o início do processo de colonização do território brasileiro, apesar da abundância de madeira, o material não foi utilizado de forma predominante nas edificações, que tiveram como base o uso de pedra, terra e tijolo empregados por meio de técnicas construtivas trazidas pelos portugueses. Apesar disso, a madeira esteve sempre presente nas construções, seja na composição das paredes de taipa de mão, seja na forma de esquadrias, assoalhos e estruturas de cobertura. Somente no sul do país, principalmente no estado do Paraná, a partir da metade do século XIX, ocorre um movimento singular de desenvolvimento de uma cultura construtiva em madeira que perdurou até a década de 1970. Essa particularidade ocorreu, principalmente, em razão da pressa dos pioneiros em se instalar na região, gerando uma grande demanda para a construção, em conjunto com a disponibilidade de matéria-prima, o seu baixo custo e a disponibilidade de mão de obra qualificada de origem estrangeira (ZANI, 2013).

Por ter sido o principal material construtivo utilizado nas construções da região Sul durante décadas, verifica-se que houve o desenvolvimento de uma linguagem arquitetônica própria, de grande qualidade e diversidade, o que revela que o uso da madeira não foi provisório (GUTIERREZ, 2008; ZANI, 2013). Apesar disso, após um período de auge entre as décadas de 1940 e 1960, não houve a evolução e nem a continuidade dessa cultura construtiva, ocasionada pelo esgotamento das florestas e da consequente escassez de matéria-prima, o que levou ao aumento dos preços, à escassez de mão de obra qualificada que outrora fora abundante e à consolidação do concreto como principal material construtivo, que, associado à arquitetura moderna, passou a ser visto como um símbolo de progresso e avanço.

Com o esgotamento das reservas florestais naturais na região Sul, sucedeu, por um lado, a migração de empresas para a região Norte do país, visando à exploração madeireira da floresta Amazônica e, por outro, o plantio florestal, principalmente no Paraná e em Santa Catarina, visando a substituir as florestas nativas. Ambas as movimentações resultaram na produção de novas edificações em madeira, porém com qualidade muito inferior à produção do período anterior, sendo destinadas principalmente a fins provisórios e à população de baixa renda (OLIVEIRA, 2003; ZANI, 2005). Além disso, diante da concepção do concreto como material superior, mesmo as construções em madeira erguidas com caráter permanente foram gradativamente desaparecendo, tanto por deterioração resultante da falta de manutenção, como também pela demolição como parte de um processo de modernização, o que ocorreu de forma mais intensa a partir da década de 1970 (BOGO, 2017; ZANI, 2013; GUTIERREZ, 2008).

Apesar de ter havido iniciativas ao longo do tempo visando a introduzir tecnologias para a utilização da madeira como material construtivo, elas se mostraram pontuais e incapazes de ganhar impulso suficiente para se perpetuar e estabelecer a madeira como uma matéria-prima comum no cenário da construção civil brasileira. Aliado a isso, a utilização inadequada do material fez com que fosse reforçada e repercutida a imagem pejorativa associada à madeira, promovendo a descrença na sua utilização tanto pelo público leigo quanto por profissionais, o que, consequentemente, levou à falta de demanda no mercado e de interesse dos profissionais. Conforme levantado por Punhagui (2014), com base em dados levantados pelo Instituto Brasileiro de Geografia e Estatística (IBGE), nas últimas quatro décadas houve uma redução significativa na porcentagem de habitações em madeira no Brasil, de 20,2% a apenas 6,8% das construções. Tal redução ocorreu em todas as faixas de renda da população, havendo uma forte correlação entre o aumento do Produto Interno Bruto (PIB) nacional e a diminuição da quantidade de construções em madeira, o que sugere a sua relação com as moradias populares provisórias, já que, assim que a família atinge uma condição econômica mais favorável, adquire uma habitação em alvenaria, ou casa "de material".

Apesar desse cenário, há indícios recentes do que pode ser entendido como o início de uma mudança para o uso desse material. A partir de 2007, houve o crescimento do mercado imobiliário, estimulado por diversas medidas governamentais, em especial, os lançamentos do Programa Minha Casa Minha Vida e do Programa de Aceleração do Crescimento (PAC). Diante de um cenário de alta demanda e disponibilidade de crédito imobiliário, foi criado pelo Ministério das Cidades, em 2007, o Sistema Nacional de Avaliações Técnicas (Sinat), vinculado ao Programa Brasileiro de Qualidade e Produtividade do Habitat (PBQP-H), cujo principal objetivo foi estimular e garantir a implementação de produtos inovadores no setor da construção civil (AMANCIO *et al.*, 2015).

Em 2009, foi montada a Comissão Casa Inteligente, resultado da parceria entre instituições do setor florestal, empresas e a Federação das Indústrias do Paraná (Fiep), destinada ao desenvolvimento e disseminação da tecnologia *wood frame* no Brasil. Sua atuação resultou, em 2011, na publicação da diretriz Sinat 005 "Sistemas construtivos estruturados em peças de madeira maciça serrada, com fechamentos em chapas delgadas (sistemas leves tipo *Light Wood Framing*)" e, em 2012, da Datec 020 "Sistema de vedação vertical leve em madeira". Tal fato permitiu que esse sistema construtivo em madeira fosse passível de financiamento, o que resultou no crescimento tanto no número de empresas atuantes utilizando a tecnologia quanto de obras. A maior empresa fabricante de *wood frame* no Brasil já possui mais de 85 mil m^2 construídos. Em 2014, foi entregue o primeiro condomínio do Programa Minha Casa Minha Vida construído com o sistema *wood frame* e no final do ano de 2016 foi construído o primeiro edifício de três pavimentos utilizando a tecnologia, feito inédito no país, até então. Paralelamente, outras empresas atuando com componentes e sistemas construtivos em madeira vêm surgindo, com destaque para as tecnologias em madeira engenheirada[3], entre elas o *laminated veneer lumber* (LVL), a madeira lamelada colada (MLC) e o *cross-laminated timber* (CLT). Tais tecnologias, embora ainda pouco conhecidas e difundidas no mercado brasileiro, vêm atraindo a atenção tanto de profissionais da construção civil quanto de empresários do setor de base florestal, impulsionados fortemente pelo cenário internacional, no qual periodicamente têm sido lançados projetos de edifícios altos em madeira.

3. Do original em inglês *engineered wood product* em tradução livre, com base no verbo do inglês *to engineer* definido como: projetar ou criar usando técnicas ou métodos de engenharia. Apesar do termo *engenheirado* não existir no vocabulário português, ele foi utilizado neste livro tendo em vista que, em função do termo em inglês, ele é comumente utilizado por agentes do setor.

De acordo com o Ministry of Foreign Affairs (2010), da Finlândia, para se promover a construção adequada em madeira, com a qualidade e a durabilidade desejadas, é fundamental rever toda a cadeia produtiva do material, desde a sua produção e extração, passando pelo seu beneficiamento e pela sua industrialização, até as fases de projeto e construção. Por um lado, é preciso instruir o mercado consumidor sobre os benefícios e as qualidades das construções em madeira, por meio de ações de promoção do material e de exemplos de bons projetos. Por outro, é necessário o treinamento de profissionais da cadeia produtiva para propiciar o melhor aproveitamento do material e a redução de desperdício, a exploração da potencialidade de cada espécie extraída e o desenvolvimento de projetos de qualidade que atendam às necessidades de seus clientes.

E é exatamente nesse sentido que instituições têm atuado e iniciativas têm sido criadas no Brasil, desenvolvendo pesquisas que resultam em publicações de livros e artigos, promovendo eventos e reuniões para a troca de informações e estabelecimento de comunicação entre os agentes atuantes nos diversos setores da cadeia produtiva, além da promoção do uso da madeira junto a profissionais e ao mercado consumidor. Destacam-se entre essas iniciativas o Programa Madeira é Legal, fruto de parcerias entre instituições e órgãos com representantes do governo, do setor florestal, da construção civil e da sociedade civil. Criado em 2009 para combater a exploração predatória e ilegal de madeira oriunda da floresta Amazônica, por meio da promoção do uso de madeira legal e certificada, o programa possui um significativo acervo de publicações, abordando temas como manejo florestal e uso sustentável de madeira na construção civil.

Outro destaque foi a união de associações e empresas ligadas ao setor madeireiro que promoveram a Semana Internacional da Madeira, cuja primeira edição foi realizada em março de 2016 em Curitiba. Com sete eventos simultâneos distribuídos ao longo de cinco dias, a semana uniu congressos científicos, feiras de negócios e encontros de empresários do setor, como o XV Ebramem (principal encontro científico sobre pesquisas em madeira do país), a segunda edição da Expo Madeira & Construção (feira de negócios com as principais empresas que atuam no setor de construção em madeira) e o Wood Trade Brazil (com palestras de profissionais e empresários atuantes no setor).

Com base nesses dados, verifica-se que há iniciativas nos âmbitos tecnológico, econômico e político em andamento, visando ao aumento do uso da madeira na construção civil. Por um lado, há o desenvolvimento de tecnologias em componentes e sistemas construtivos, e, por outro, há a articulação entre diversos atores, principalmente do setor florestal e da construção civil, nas diversas etapas da cadeia produtiva da construção civil em madeira, com iniciativas de promoção ao uso do material, por meio de eventos, publicações e pesquisas que promovam a discussão das possibilidades de uso e de produção do material que demonstram as qualidades das tecnologias disponíveis.

REFERÊNCIAS BIBLIOGRÁFICAS

AMANCIO, R. C. A.; FABRIO, M. M.; MITTIDERI FILHO, C. V. *et al.* O sistema brasileiro de avaliação técnica de produtos inovadores para a construção civil. In: FABRICIO, M. M.; ONO, R. (org.). *Avaliação de desempenho de tecnologias construtivas inovadoras:* manutenção e percepção dos usuários. Porto Alegre: Antac, 2015, p. 5-12.

BACHA, C. J. C. Análise da evolução do reflorestamento no Brasil. *Revista de Economia Agrícola*. São Paulo, v.55, n.2, p.5-24, jul/dez. 2008.

BENEVENTE, V. A. *Durabilidade em construções de madeira*: uma questão de projeto. Dissertação (Mestrado) – Escola de Engenharia de São Carlos, Universidade de São Paulo, São Carlos, 1995.

BITTENCOURT, R. M. *Concepção arquitetônica da habitação em madeira*. Tese (Doutorado em Engenharia de Construção Civil e Urbana) – Escola Politécnica, Universidade de São Paulo, São Paulo, 1995.

BOGO, A. J. Arquitetura em madeira em Santa Catarina. *Vitruvius. Arquitextos*, ano 18, set. 2017. Disponível em: <http://vitruvius.com.br/revistas/read/arquitextos/18.208/6717>. Acesso em: 1 maio de 2018.

BONO, T. C. *Madeira laminada colada na arquitetura*: sistematização de obras executadas no Brasil. Dissertação (Mestrado) – Escola de Engenharia de São Carlos, Universidade de São Paulo, São Carlos, 1996.

CESAR, S. F. *As estruturas Hauff de madeira no Brasil*. Dissertação (Mestrado) – Programa de Pós-Graduação em Arquitetura e Planejamento. Universidade de São Paulo, São Carlos, 1991.

ESPINDOLA, L. R. *O wood frame na produção de habitação social no Brasil*. Tese (Doutorado) – Instituto de Arquitetura e Urbanismo, Universidade de São Paulo, São Carlos, 2017.

FOOD AND AGRICULTURE ORGANIZATION OF THE UNITED NATIONS (FAO). *Global forest resources assessment 2005*. Disponível em: <http://www.fao.org/docrep/ 008/a0400e/a0400e00.htm>. Acesso em: 13 abr. 2016.

GUTIERREZ, R. M. *Casas móveis:* experiência na região oeste do Paraná. 2008. Dissertação (Mestrado) – Faculdade de Arquitetura e Urbanismo, Universidade de São Paulo, São Paulo, 2008.

INDÚSTRIA BRASILEIRA DE ÁRVORES (IBÁ). *Relatório Anual 2016*. 2016. Disponível em: https://iba.org/images/shared/Biblioteca/IBA_RelatorioAnual2016_.pdf. Acesso em: 23 jul. 2023.

International Tropical Timber Organization (ITTO). *Biennial review and assessment of the world timber situation*. 2014. Disponível em: <http://www.itto.int/ annual_review/>. Acesso em: 13 abr. 2016.

Mello, R. L. *Projetar em madeira*: uma nova abordagem. Dissertação (Mestrado) – Programa de Pós-Graduação em Arquitetura e Urbanismo. Universidade de Brasília, Brasília. 2007.

Ministério do Meio Ambiente (MMA). *Florestas do Brasil em Resumo 2012*. Brasília, 2012.

Ministry of Foreign Affairs. *The international promotion of wood construction as a part of climate policy*. 2010. Disponível em: <http://formin.finland.fi/public/ download.aspx?ID=73389&GUID=%7B4A54694C-4244-4D67-8909-EDB-5724153C6%7D>. Acesso em: 13 abr. 2016.

Oliveira, C. F. *Autoconstrução em madeira estudo de caso*: Florianópolis-SC. 2003. Dissertação (Mestrado) – Escola de Engenharia de São Carlos, Universidade de São Paulo, São Carlos, 2003.

Portocarrero, J. A. B. *Tecnologia indígena em Mato Grosso:* habitação. 2. ed. Cuiabá: Entrelinhas, 2018.

Punhagui, K. R. G. *Potencial de reducción de las emisiones de CO2 y de la energía incorporada en la construcción de viviendas en Brasil mediante el incremento del uso de la madera*. Universidad Politécnica de Cataluña e Universidade de São Paulo, Barcelona, 2014.

Reis Filho, N. G. *Quadro da arquitetura no Brasil*. 11. ed. São Paulo: Perspectiva. 2006.

Santos, R. E. *A armação do concreto no Brasil*: história da difusão da tecnologia do concreto armado e da construção de sua hegemonia. Tese (Doutorado) – Programa de Pós-Graduação em Educação, Universidade Federal de Minas Gerais, Belo Horizonte, 2008.

Shigue, E. K. *Difusão da construção em madeira no Brasil*: agentes, ações e produtos. Dissertação (Mestrado em Arquitetura e Urbanismo) – Instituto de Arquitetura e Urbanismo, Universidade de São Paulo, São Carlos, 2018.

Silva, R. D. *Plantando casas*: estudo da cadeia produtiva para implantação de habitação de interesse social em madeira de *Pinus* spp no Paraná – Brasil. Tese (Doutorado) – Escola de Engenharia de São Carlos, Universidade de São Paulo, São Carlos, 2010.

Sistema Nacional de Avaliações Técnicas (Sinat). *Diretriz Sinat nº 005*: sistemas construtivos estruturados em peças de madeira maciça serrada, com fechamentos em chapas delgadas (Sistemas leves tipo "Light Wood Framing"). 2011.

Sistema Nacional de Avaliações Técnicas (Sinat). *DATec no 020-A* Sistema de vedação vertical leve em madeira. 2015.

Sistema Nacional de Informações Florestais. *Produção florestal*. 2017. Disponível em: <http://www.florestal.gov.br/snif/producao-florestal/consumo>. Acesso em: 13 abr. 2018.

Telles, P. C. da Silva. *História da engenharia no Brasil*: séculos XVI a XIX. Rio de Janeiro, Clavero, 1993.

Zani, A. C. *Arquitetura em madeira*. [livro eletrônico] Eduel. Londrina, 2013.

CAPÍTULO 1
Classificação, formação e características da madeira

Simone Fernandes Tavares
Tatiana de Oliveira Chiletto
Erich Kazuo Shigue
Akemi Ino

A madeira é um material orgânico natural e biodegradável, de origem vegetal. Ela resulta do tecido lenhoso gerado pelo tronco das árvores, plantas superiores de elevada complexidade anatômica e fisiológica. Sua estrutura decorre da complexa organização das células e dos vasos responsáveis pela sustentação e pela provisão de água e de nutrientes, bem como do armazenamento de bioquímicos da planta (WIEDENHOEFT, 2010). Ainda sofre influências de acordo com a localização geográfica, o clima, o tipo de solo, o grupo e a espécie botânica, condições que determinam as características da madeira, como permeabilidade, textura, propriedades físicas e mecânicas, tratabilidade[1] e trabalhabilidade[2] (PEREIRA, 2013). A partir do conhecimento da microestrutura do material é possível analisar e determinar o melhor uso das diferentes espécies nas distintas demandas da construção civil, assim como métodos mais adequados de plantio, corte, secagem e tratamento preventivo.

Este primeiro capítulo tem como objetivo apresentar o material madeira, desde sua classificação botânica, sua formação, seus constituintes micro e macroscópicos e suas características naturais, como durabilidade, propriedades de conforto ambiental (visual, tátil, acústica) e emissão e sorção de composto orgânico volátil (COV). Trata-se de aspectos inerentes ao material, os quais exercem influência nas suas propriedades físicas e mecânicas, e, por isso, no desempenho de componentes e sistemas nos quais é empregada.

1. A tratabilidade da madeira se refere à sua capacidade de absorver e reter líquidos preservativos.
2. A trabalhabilidade refere-se "ao comportamento da madeira no processamento com ferramentas manuais e mecânicas, bem como ao acabamento superficial obtido nas operações de usinagem, mais comumente empregadas na indústria de transformação secundária da madeira, quais sejam: serrar, furar, aplainar, lixar, tornear, colar, laminar, pregar e parafusar" (BERRIEL, 2009, p. 265). Em geral, madeiras mais pesadas e densas possuem difícil trabalhabilidade.

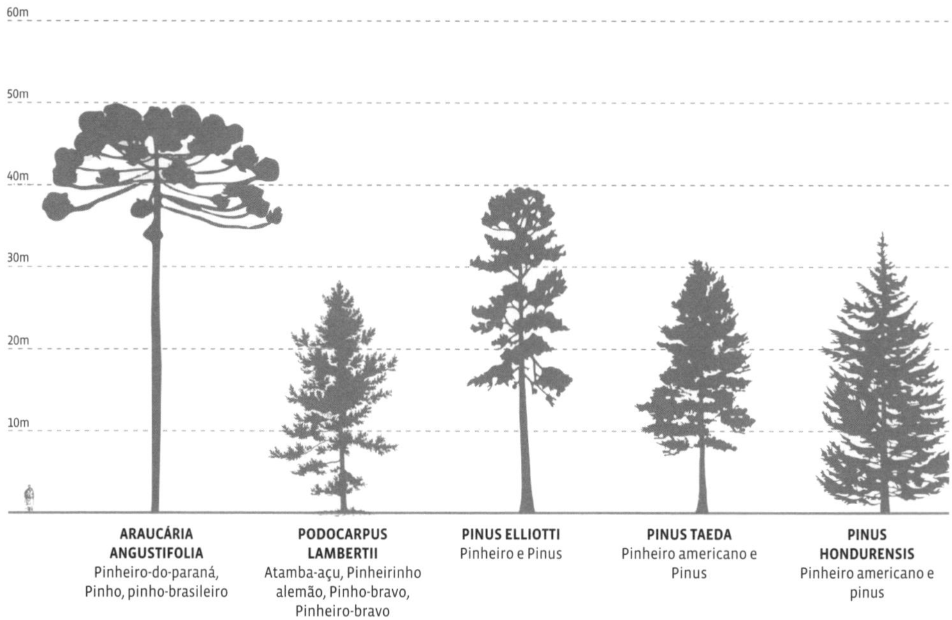

FIGURA 1.1

Exemplos de árvores Gimnospermas (espécie e nomes populares).

Fonte: adaptada de Waugh Thistleton Architects (2018). Desenho: Chiletto (2022).

1.1 Classificação botânica da madeira

Existem dois grandes grupos botânicos de árvores produtoras de madeira: as gimnospermas e as angiospermas (HELLMEISTER, 1983). Elas possuem características morfológicas e anatômicas comparativamente distintas. O primeiro grupo, *gymnos* (nu) e *sperma* (semente), apresenta frutos sem casca em forma de cone. São designadas na literatura como produtoras de madeiras moles ou *softwoods*. Desse grupo, o mais utilizado pela construção civil é o das Coniferophyta (coníferas), com destaque para pinheiros, araucárias, sequoias, abetos, píceas e ciprestes. Essas árvores possuem folhas em formato de escamas ou agulhas e, geralmente, são perenes e resistentes a invernos rigorosos, distribuídas geograficamente principalmente em zonas temperadas. No Brasil, há apenas duas espécies de coníferas nativas, o pinho-do-paraná (*Araucaria angustifolia*) e o pinheiro-bravo (*Podocarpus lambertii* e *Podocarpus sellowii*). Entre as espécies exóticas[3] do país, destacam-se o

3. Espécies exóticas são aquelas não originárias da região na qual se encontram. Elas podem ser exóticas invasoras ou não. São consideradas exóticas invasoras aquelas espécies que interferem ou ameaçam as espécies nativas de uma região, causando a destruição de habitats e ecossistemas.

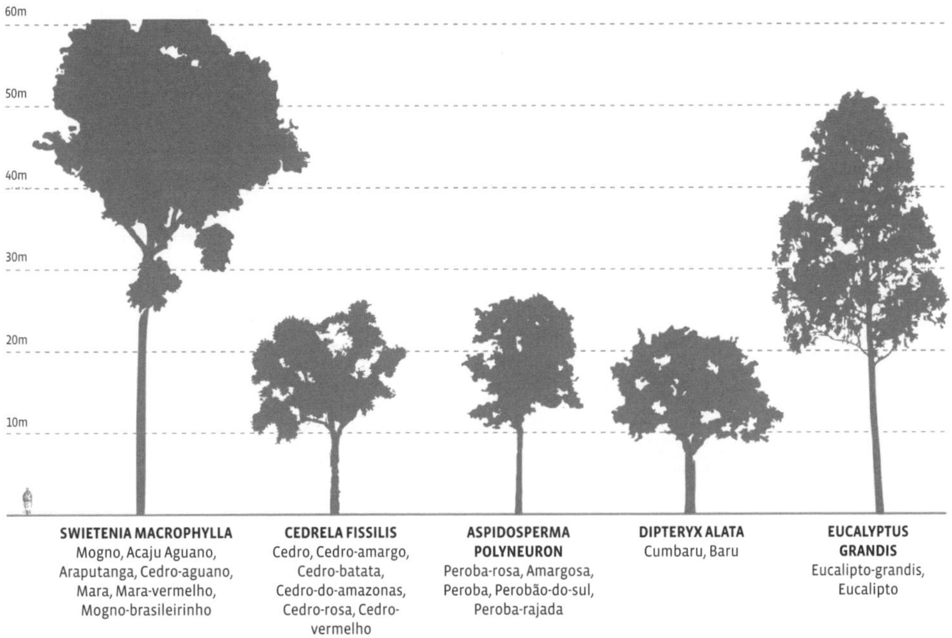

FIGURA 1.2
Exemplos de árvores Angiospermas (espécie e nomes populares).
Fonte: adaptada de Waugh Thistleton Architects (2018). Desenho: Chiletto (2022).

Pinus elliottii (variedades *elliotii* e *densa*) e o *Pinus taeda*, originários da Flórida (EUA), e o *Pinus caribaea* (variedades *hondurensis, bahamensis* e *caribaea*), natural da América Central (AGUIAR; SOUSA; SHIMIZU, 2014).

O segundo agrupamento, *angi* (envelope) e *sperma* (semente), forma um grupo vegetal mais completo e diversificado e pode ser subdividido em outras duas grandes classes: as monocotiledôneas e as dicotiledôneas. Nessa subdivisão, destacam-se as dicotiledôneas como produtoras de madeira para a construção, designadas na literatura como madeiras duras ou *hardwood*[4].

Na família de monocotiledôneas encontram-se as palmas e as gramíneas. Um exemplo bastante utilizado de gramínea como material construtivo é o bambu, principalmente em construções leves, visto suas propriedades de boa resistência mecânica e baixa densidade. É importante dizer que o bambu não é classificado como uma madeira, no sentido usual da palavra (HELLMEISTER, 1983).

4. É importante ressaltar que nem todas as *hardwoods* são duras e pesadas e nem todas as *softwoods* são macias e leves, apesar do que possa ser induzido pelos seus nomes. Essa distinção existe para diferenciar a madeira botanicamente, ou seja, distinguir o tipo de árvore da qual é derivada (se gimnospermas ou angiospermas), bem como a anatomia de seu tecido lenhoso (WIEDENHOEFT, 2010).

Já as dicotiledôneas são árvores frondosas, denominadas na literatura de folhosas em decorrência do aspecto ramificado de sua copa e pela renovação periódica de suas folhas. É extraordinariamente grande o número de espécies existentes de dicotiledôneas, especialmente nas zonas tropicais. Algumas das madeiras mais comuns no Brasil são a aroeira, o cumbaru, a massaranduba, os ipês, o pau d'arco, as cabreúvas, o guaratã, a sucupira, o pau-marfim, as perobas, a caviúna, o faveiro, os jacarandás, a taiúva, o louro, as canelas, as imbuias, o freijó, o cedro, o mogno, o jequitibá, o guarapuvu etc. (HELLMEISTER, 1983). Também estão entre as dicotiledôneas os eucaliptos nativos da Austrália, da Nova Zelândia, da Malásia e do Bornéu, largamente utilizados em plantios florestais no Brasil para a produção de papel, celulose, carvão, dormentes, postes e mourões.

Sinteticamente, podemos organizar os dois grupos botânicos da maneira a seguir.

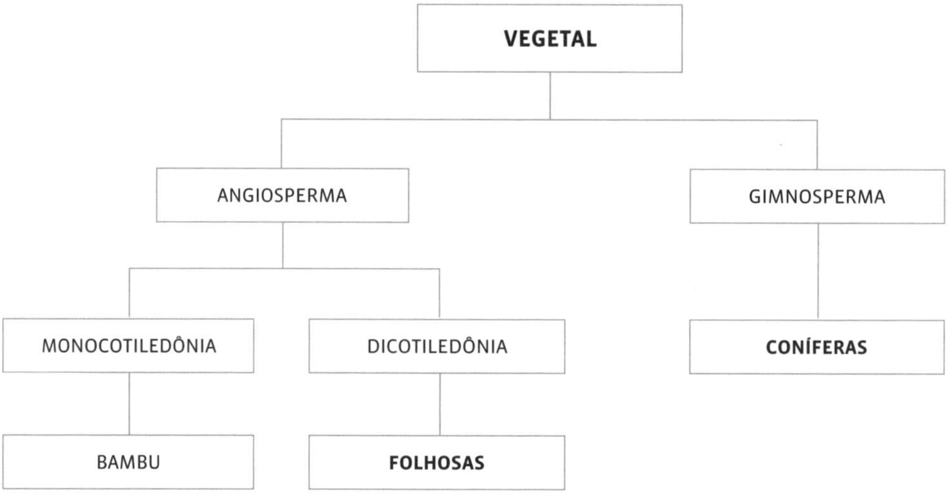

FIGURA 1.3
Diagrama síntese dos principais grupos botânicos utilizados na construção civil.
Desenho: Inafuku, 2022.

1.2 Formação e composição anatômica da madeira

A madeira é constituída predominantemente por substâncias orgânicas geradas a partir de átomos de carbono (50%), oxigênio (43%) e hidrogênio (6%) (HELLMEISTER, 1983). Ela procede de reações de fotossíntese. Nesse processo, há a formação da molécula de glicose ($C_6H_{12}O_6$), a partir da qual se originam quase

FIGURA 1.4

Processo de fotossíntese e fluxo de formação da madeira.

Fonte: adaptada de Howe (2015). Desenho: Inafuku (2022).

todos os demais polímeros formadores da árvore. A Figura 1.4 apresenta a equação básica da formação da madeira.

A estrutura celular das árvores é formada por três principais componentes orgânicos: a celulose, a hemicelulose e a lignina (ver figura 1.5). A celulose é um carboidrato do tipo polissacarídeo, polímero de glicose, representado pela fórmula $(C_6H_{10}O_5)n$, sendo o principal componente da parede celular dos vegetais (cerca de 50%, independentemente da espécie). É um polímero linear não ramificado que se arranja em feixes ou fibras. Não é digerida por humanos, apenas por algumas espécies de bactérias e fungos.

As hemiceluloses também são polissacarídeos, mas apresentam estrutura amorfa e cadeia ramificada. Elas se ligam por meio de ponte de hidrogênio às moléculas de celulose as envolvendo, impedindo que elas se toquem e, ao mesmo tempo, conferindo-lhes elasticidade. O grupo de cadeias de celulose envolvidas por moléculas de hemicelulose é denominado microfibrila (BRITO, 2014).

Já as ligninas são polímeros amorfos organizados de forma tridimensional, cuja unidade básica estrutural é o fenil-propano (ou fenol). Quando ligadas às moléculas de celulose, conferem-lhes rigidez, aumento da resistência da árvore à compressão, impermeabilidade da parede celular e proteção dos tecidos vegetais contra possíveis ataques biológicos (PEDRAZZI *et al.*, 2019).

Em resumo, a parede da célula vegetal é composta em grande parte de celulose e hemicelulose com presença dos grupos hidroxila (OH), que tornam a parede celular higroscópica, ou seja, capaz de absorver água da atmosfera. A lignina é o agente que cimenta as células e é uma molécula relativamente hidrofóbica, um repelente natural de água. Em conjunto, isso significa que as paredes celulares da madeira têm uma grande afinidade pela água, mas a capacidade das paredes de absorver água é limitada em parte pela presença de lignina (WIEDENHOEFT, 2010).

A proporção dos três componentes da estrutura celular é apresentada na Tabela 1.1.

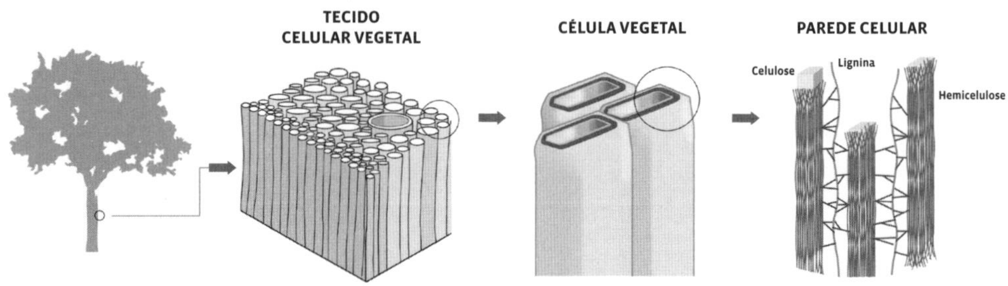

FIGURA 1.5
Composição da parede celular dos vegetais.
Fonte: adaptada de Santos et al. (2012). Desenho: Inafuku (2022).

TABELA 1.1
QUANTIFICAÇÃO DOS PRINCIPAIS COMPONENTES ORGÂNICOS DAS CONÍFERAS E FOLHOSAS

	Coníferas	**Dicotiledôneas (folhosas)**
Celulose	48-56%	46-48%
Hemicelulose	23-26%	19-28%
Lignina	26-30%	26-35%

Fonte: HELLMEISTER, 1983, p. 12.

É a proporção desses componentes e a estrutura celular peculiar de cada espécie que irão definir se as madeiras são pesadas ou leves, rígidas ou flexíveis, duras ou macias (HELLMEISTER, 1983). Por exemplo, quanto maior a proporção de lignina da espécie vegetal, maior é a sua resistência natural ao ataque de organismos xilófagos. A lignina atua como fungicida natural. Nesse sentido, a cerejeira é naturalmente mais resistente ao ataque de microrganismos do que o angico vermelho (27,37% e 24,31% de lignina, respectivamente). Por sua vez, a maior proporção de hemicelulose torna a planta mais propensa a ataques xilófagos, já que confere maior umidade à planta e, quando em processo de degradação, libera açúcares que atraem ainda mais organismos (PEDRAZZI *et al.*, 2019). A proporção entre lignina e hemicelulose também determina a capacidade de inchar e encolher da madeira (sua higroscopia) diante da presença de umidade.

Observando a partir da escala celular da madeira, notamos que a estrutura dos tecidos de lenho é diferente nas angiospermas (*hardwoods*) e gimnospermas (*softwoods*). Comparativamente, as *softwoods* têm uma estrutura básica mais simples, composta por apenas dois tipos de células, os traqueídes e os raios medulares. Já as *hardwoods* são constituídas, predominantemente, por fibras (lúmen), vasos (poros) e raios medulares, organizados de maneira mais complexa (HELLMEISTER, 1983).

Traqueídes, vasos e fibras são células alongadas, ocas, dispostas paralelamente ao eixo longitudinal da árvore. Nas *softwoods*, os traqueídes são responsáveis pela alimentação (seiva bruta) e sustentação das árvores, dando-lhes resistência e rigidez. Nas *hardwoods*, os vasos desempenham a função de alimentação (seiva bruta) e as fibras, de sustentação, sendo estas últimas responsáveis pela maior parte da resistência e rigidez da madeira. Aos raios medulares, em ambas as madeiras, compete o transporte radial de seiva elaborada e o armazenamento de matéria orgânica não utilizada no desenvolvimento da árvore (HELLMEISTER, 1983).

O modo como as diferentes células se organizam para a formação do tecido lenhoso faz com que a madeira tenha uma estrutura, uma aparência e um comportamento diferentes a depender do plano de corte – transversal, radial ou tangencial. É essa heterogeneidade e variabilidade que torna a madeira um material anisotrópico[5] (ver Figura 1.6).

Segundo Hellmeister (1983), as árvores crescem, inicialmente, seguindo a direção vertical (crescimento primário). No entanto, o crescimento em altura é acompanhado do aumento da seção transversal do tronco da árvore (crescimento secundário), fundamental para a sua sustentação. O crescimento secundário ocorre pela formação de camadas concêntricas sucessivas, a partir da medula, que vão se acomodando ao redor das camadas mais antigas, conformando os chamados anéis de crescimento. O anel mais novo, mais periférico, sempre se estende da base da árvore até a sua copa.

A espessura dos anéis de crescimento está relacionada às diferentes estações do ano. Nas zonas temperadas, com estações bem-marcadas, as árvores possuem anéis bem definidos. Na primavera e no verão, quando as atividades biológicas se intensificam, resultando em crescimento mais rápido, os anéis estão maiores, mais claros e menos densos, formando células maiores de paredes mais finas. No outono e no inverno, quando o crescimento desacelera, ocorre o fenômeno oposto, e os anéis ficam bem-marcados, menores e mais densos, sendo suas células menores e de pa-

5. De acordo com a NBR 16864-1 (ABNT, 2020, p. 1), anisotropia é a "[...] característica das propriedades físicas da madeira variarem conforme a direção dos planos anatômicos (axial, radial e tangencial)".

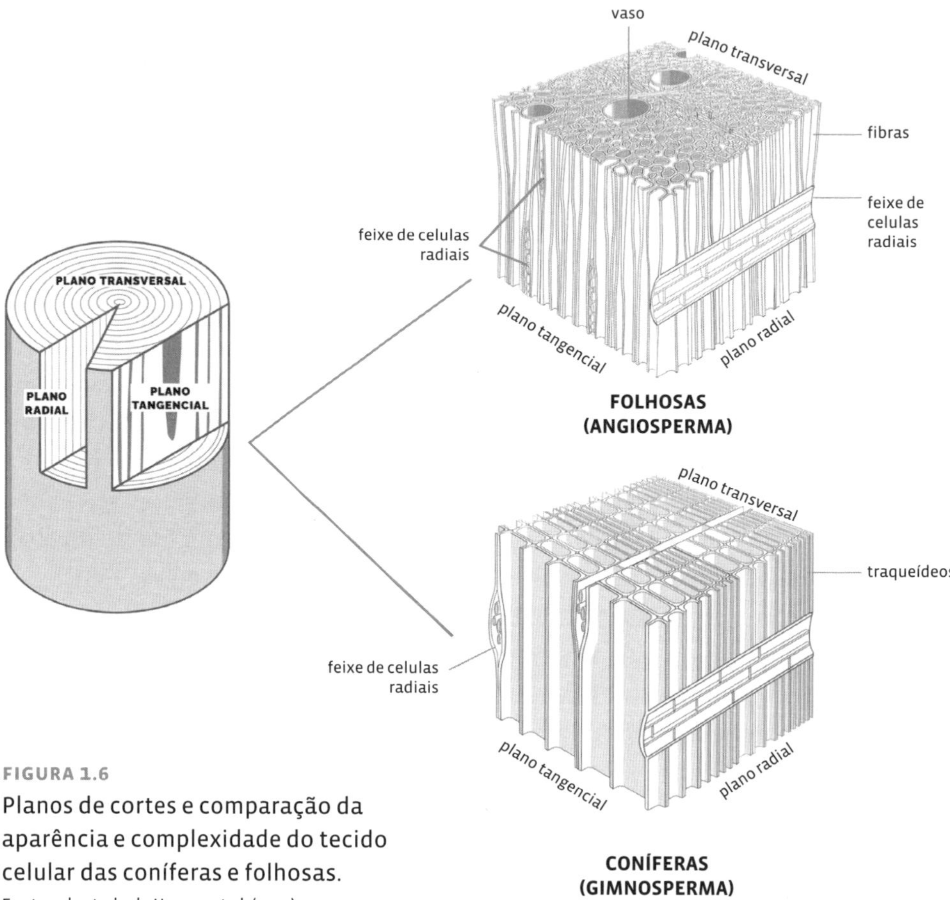

FIGURA 1.6
Planos de cortes e comparação da aparência e complexidade do tecido celular das coníferas e folhosas.
Fonte: adaptada de Herzog et al. (2003).
Desenho: Inafuku (2022).

redes mais grossas. É o caso de todas as coníferas. Nas espécies tropicais, prevalecentes em países nos quais as estações não são tão marcadas, os anéis são quase indistintos (ver Figura 1.7).

Do ponto de vista macroscópico, observam-se os seguintes elementos anatômicos no tronco de uma árvore como apresentado na Figura 1.8.

A madeira, ou lenho, é a parte dividida em medula, cerne e alburno.

- **Alburno:** é a parte mais externa do lenho, ativa e viva, que conduz a água e os sais minerais (ou a seiva bruta) das raízes para as folhas. Trata-se do xilema

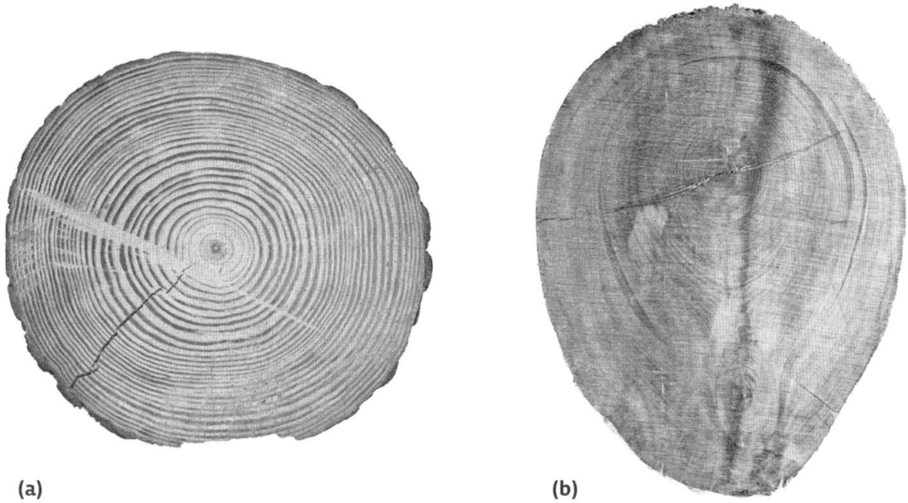

FIGURA 1.7

Seção transversal de uma conífera (a) e de uma folhosa (b).

Fonte: Acervo Akemi Ino.

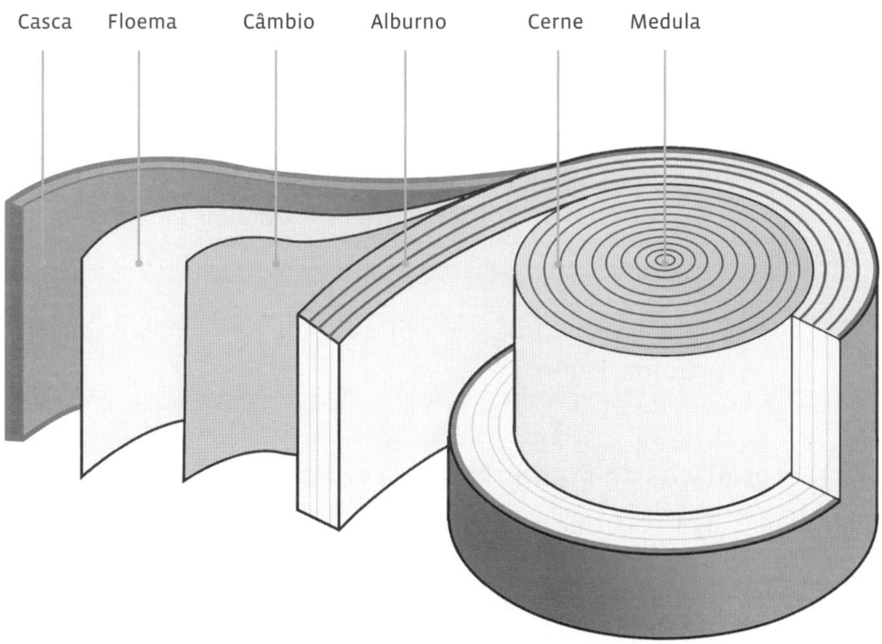

FIGURA 1.8

Corte transversal genérico do tronco da árvore e sua estrutura macroscópica.

Fonte: adaptada de Johnson (1994). Desenho: Inafuku (2022).

ativo. Em virtude de sua função, é mais permeável aos líquidos e gases, menos denso e está mais sujeito ao ataque de xilófagos.

- **Cerne:** ao longo do tempo, as partes do alburno mais próximas à medula perdem a sua função de condução de seiva bruta. Isso acontece porque parte das substâncias não utilizadas como alimentos pelas células ficam ali armazenadas, endurecendo por meio de polimerização. Dessa forma, o xilema torna-se inativo e passa a desempenhar a função de resistência, dando suporte para o crescimento da copa da árvore. Essa parte do tronco é chamada de cerne, caracterizado por sua maior densidade, menores permeabilidade e susceptibilidade ao ataque de xilófagos.
- **Medula:** é a parte central do tronco, mais antiga, delgada e menos resistente. Em geral, a sua presença torna a madeira defeituosa.

As outras partes do tronco são:

- **Casca externa:** formada por tecidos mortos, proporciona proteção mecânica e proteção contra os agentes atmosféricos (gelo, chuva) e ambientais (fogo) à casca interna, também limitando a perda de água evaporativa.
- **Floema ou casca interna:** mais macia, é um tecido vivo que conduz alimento (seiva elaborada) das folhas aos ramos, troncos e raízes.
- **Câmbio:** é a camada abaixo da casca, de aparência fluida, constituída por elementos monocelulares. A divisão celular realizada nesta parte da árvore origina os elementos anatômicos (ou tecidos) da casca e do lenho.
- **Raios medulares:** são canais que atravessam radialmente o tronco do centro ao exterior, permitindo a distribuição horizontal de parte da seiva elaborada.

Graficamente, podemos representar o processo de formação e condução da seiva da árvore conforme Figura 1.9.

1.3 Características da madeira para a construção

A madeira possui características intrínsecas à sua formação e à sua composição, as quais são determinantes para o seu desempenho enquanto material construtivo, indo além de suas características físicas e mecânicas. Aqui, trata-se da durabilidade natural, da questão sensitiva (visual, tátil, sonora), de saúde e bem-estar humano, aspectos que são influenciados positivamente pelo uso da madeira.

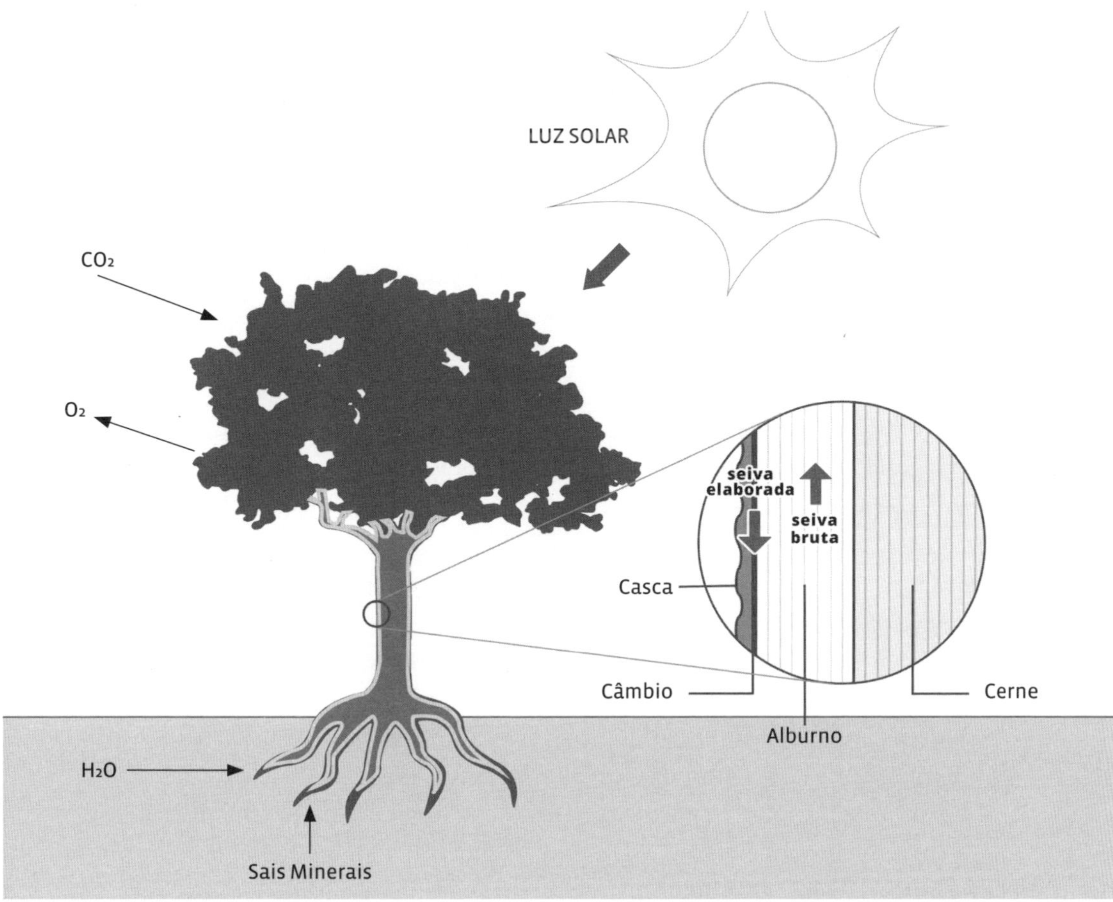

FIGURA 1.9

Processo de formação e condução da seiva bruta e elaborada.

Fonte: adaptada de Hellmeister (1983). Desenho: Inafuku (2022).

1.3.1 Durabilidade natural

A durabilidade natural da madeira diz respeito à sua capacidade de resistir aos agentes de degradação biológica (bactérias, fungos e insetos) e ambiental (sol, chuva, vento), mantendo suas propriedades e seu desempenho. Como um material natural e biodegradável que é, os processos de degradação são naturais na madeira. No entanto, tais processos podem ser prevenidos e controlados por meio de procedimentos simples relacionados à sua escolha e à sua aplicação, e à manutenção de componentes e sistemas construtivos dela advindos.

Algumas espécies de madeira possuem uma durabilidade natural maior que outras. Entre os fatores que sustentam essa propriedade estão a espécie e a característica anatômica da parte da árvore da qual a peça foi retirada. São, assim, normalmente mais duráveis: as folhosas de crescimento lento; as madeiras mais densas; a madeira do cerne e aquelas com presença de óleos essenciais, ceras e resinas.

A durabilidade natural da madeira também é garantida pelo detalhamento de projeto, será apresentado no capítulo 4 deste livro. São algumas das recomendações: proteger contra a água ou permitir seu rápido escoamento, evitar interfaces onde a água possa se acumular, propiciar sua ventilação permanente – principalmente quando for umedecida –, proteger suas extremidades e evitar a ascensão de umidade por capilaridade, afastando elementos construtivos do solo (INO, 1997).

1.3.2 Propriedade térmica

A condutividade térmica de determinado material se refere à sua capacidade de conduzir energia térmica (fluxo de calor), o que ocorre mediante diferenças de temperatura entre as suas faces e de acordo com a sua espessura. A condutividade térmica é influenciada pela densidade do material, no qual quanto menor a densidade (relação entre massa e volume) menor é a sua condutividade.

A madeira, em comparação a materiais comumente utilizados na construção civil, possui baixa densidade. Isso ocorre devido à quantidade de vazios próprios de sua estrutura, na qual as cavidades de fibras, vasos e traqueídeos abrigam grande volume de ar, este último, um isolante térmico natural. Isso confere à madeira a propriedade de baixa condutividade térmica, atuando também como um material isolante térmico, de desempenho muito superior ao do concreto e do aço, por exemplo.

Há, no entanto, outros fatores que exercem influência sobre a condutividade térmica das diferentes madeiras, incluindo: teor de umidade, direção dos grãs[6],

[6] Grã é o termo empregado para indicar a direção dos elementos celulares em relação ao eixo longitudinal do tronco: direita/cruzada (reversa, ondulada e irregular).

QUADRO 1.1

CARACTERÍSTICAS DE DURABILIDADE NATURAL E PERMEABILIDADE AO TRATAMENTO PRESERVATIVO DE ALGUMAS ESPÉCIES MAIS CONHECIDAS E SEUS RESPECTIVOS USOS

Nome vulgar e nome científico	Durabilidade natural ao ataque biológico e permeabilidade ao tratamento preservativo	Recomendações quanto ao principal emprego de madeiras em edifícios
Maçaranduba ou paraju *Manilkara longifólia*	Resistência moderada a alta ao apodrecimento.	Sem tratamento: assoalho; estrutura da cobertura; elementos externos.
Jatobá ou jataí peba *Dialium Guianense*	Resistência média a alta ao ataque de organismos xilófagos; baixa permeabilidade.	Sem tratamento: assoalho; estrutura da cobertura; elementos externos.
Peroba rosa *Aspidosperma polyneuron Muell*	Baixa resistência ao ataque de organismos; baixa permeabilidade ao tratamento preservativo sob pressão.	Sem tratamento: acabamento interno;. Com tratamento: esquadria; assoalho; estrutura da cobertura.
Pinho do Paraná *Araucaria angustifolia*	Baixa resistência ao apodrecimento; alta permeabilidade ao tratamento preservativo sob pressão.	Com tratamento: acabamento interno; miolo de porta; estrutura de cobertura.
Cupiuba *Goupia glabra*	Alta resistência ao ataque de organismos xilófagos; moderada permeabilidade ao tratamento sob pressão.	Sem tratamento: acabamento interno; assoalho; estrutura de cobertura; elementos externos; fundação em contato com o solo.
Eucalipto citriodora *Eucalyptus Citriodora*	Moderada resistência ao ataque de organismos xilófagos; moderada permeabilidade.	Sem tratamento: acabamento interior. Com tratamento: esquadria; assoalho; estrutura da cobertura.
Eucalipto grandis *Eucalyptus Grandis*	Moderada resistência ao ataque de organismos xilófagos; moderada permeabilidade ao tratamento sob pressão.	Sem tratamento: acabamento interno. Com tratamento: esquadria; assoalho; estrutura da cobertura.
Pinus *Pinus spp*	Baixa resistência ao ataque de organismos xilófagos; alta permeabilidade ao tratamento sob pressão.	Com tratamento: acabamento interno; caibro, ripa; sarrafo.

Fonte: Ino (2009), com base nos relatórios IPT (1981) e IPT (1989).

temperatura e irregularidades estruturais. Via de regra, quanto maior a densidade, teor de umidade e temperatura maior será a condutividade térmica da madeira. Além disso, a condutividade térmica em seus sentidos radial e tangencial é praticamente idêntica, porém, no sentido transversal é de 1,5 a 2,8 vezes maior, em parte em decorrência da sua estrutura celular (GLASS; ZELINKA, 2010). A baixa condutividade térmica da madeira é responsável pelo material ser percebido como caloroso mediante estímulo tátil, mantendo-se perceptualmente agradável tanto em climas quentes quanto frios.

1.3.3 Propriedade acústica

A propagação das ondas sonoras em um determinado espaço é influenciada diretamente pelos mobiliários existentes, ocupação (quantidade de pessoas) e, principalmente, pela composição dos materiais que revestem a superfície do ambiente, em especial, sua materialidade, geometria e dimensão. Materiais rígidos e pesados tendem a refletir o som, enquanto materiais macios tendem a absorvê-lo. A compreensão dessa relação é fundamental, pois quanto maior a reflexão sonora dentro de determinado ambiente, maior tende a ser o tempo de reverberação, ou seja, o tempo que determinado som demora para cessar. A madeira é, em geral, um material rígido e de baixa densidade, o que a torna acusticamente reflexiva, ou seja, com baixo coeficiente de absorção sonora. No entanto, a porosidade, a estrutura anatômica e a composição química dos materiais exercem influência sobre suas propriedades acústicas. Desse modo, além da anisotropia, as distintas densidades e estruturas celulares das diversas espécies de madeira existentes fazem com que haja uma grande variabilidade sobre o coeficiente de absorção da madeira, conforme apresentado na Tabela 1.3. Em geral, a absorção sonora de *hardwoods* é melhor do que a de *softwoods* porque na sua composição celular há presença dos vasos que são mais permeáveis do que os dos traqueídes. Seguindo a mesma lógica, a seção transversal possui maior coeficiente de absorção sonora do que a radial e a tangencial (JANG; KANG, 2021). Outro fator que exerce influência é o acabamento superficial empregado (ver tabela 1.4), visto que altera a superfície do material (XU *et al.*, 2020).

Outro aspecto a ser levado em consideração no ambiente construído consiste no isolamento acústico, que se refere à capacidade de transmissão de determinado som de um ambiente para outro. Materiais densos e pesados tendem a ser mais eficazes no isolamento acústico. A madeira é um material de densidade relativamente baixa, principalmente quando comparada a outros mate-

TABELA 1.2

CONDUTIVIDADE TÉRMICA DE DIFERENTES ESPÉCIES DE MADEIRA E COM DISTINTOS ACABAMENTOS SUPERFICIAIS

Espécie	Rugosidade superficial (μm)	Condutividade térmica [W/(m K)]
Aço inoxidável	0,02	0,336
Mármore	0,16	1,947
Carvalho branco (*Quercus alba*) - escovada	57,10	0,120
Carvalho branco (*Quercus alba*) - revestida com óleo	56,80	0,128
Carvalho branco (*Quercus alba*) - acabamento em uretano	36,75	0,119
Carvalho branco (*Quercus alba*) - acabamento espelhado (semelhante ao usado em pianos)	0,12	0,119
Cedro japonês (*Cryptomeria japonica*) - lixada	3,65	0,120
Cedro japonês (*Cryptomeria japonica*) - escovada (técnica japonesa *uzukuri*)	52,38	0,106
Cipreste japonês (*Chamaecyparis obtusa*) - escovada	35,03	0,121

Fonte: adaptada de Ikei e Miyazaki (2020) e Ikei, Song e Miyazaki (2017a, 2017b, 2018)

riais construtivos, como o concreto e a alvenaria. Por esse motivo, a madeira, em geral, não é considerada um isolante acústico eficaz. No entanto, cabe levar em consideração que a densidade da madeira pode variar significativamente de acordo com a espécie, conforme apresentado na seção 2.1.3. Nesse contexto, a capacidade de atenuação sonora da madeira pode também ser bastante variável. Por exemplo, no estudo de Neto *et al.* (2008) foi verificado que a madeira da espécie *Eucalyptus grandis* (densidade de 0,880 g/cm3) promoveu a atenuação sonora de 25,7 dB enquanto a da espécie *Pinus sp.* (densidade de 0,445 g/cm^3) foi de apenas de 15 dB.

TABELA 1.3

COEFICIENTE DE ABSORÇÃO SONORA DE DIFERENTES ESPÉCIES DE MADEIRA

Espécie	Densidade	Frequência (Hz)					
		125	250	500	1000	2000	4000
Hardwoods							
Nogueira (*Castanea*)	526					0,282	0,185
Álamo prateado (*Populus alba*)	476					0,432	0,219
Sinensis (*Aquilaria sinensis*)	592					0,265	0,233
Platanus (*Cilicia*)	635					0,464	0,450
Amoreira (*Celtis occidentalis*)	729					0,233	0,640
Paulownia (*Paulowniaceae*)	328					0,142	0,128
Balsa leve (*Ochroma pyramidale*)	140					0,175	0,557
Balsa pesada (*Ochroma pyramidale*)	316					0,181	0,269
Cerejeira (*Prunus serotina*)	472					0,162	0,247
Bordo (*Acer saccharum*)	452					0,259	0,314
Eucalyptus urophylla			0,033	0,017	0,017	0,042	
Eucalyptus camaldulensi			0,022	0,012	0,013	0,078	
Eucalyptus cloeziana			0,025	0,010	0,010	0,120	
Binuang (*Octomeles sumatrana*)				0,309	0,384	0,333	0,306
Balsa (*Ochroma lagopus Swartz*)				0,325	0,438	0,317	0,216
Paulownia (*Paulownia coreana*)				0,094	0,099	0,097	0,110
Softwoods							
Abeto coreano (*Picea koraiensis*)		0,083	0,015	0,026	0,050	0,068	
Abeto Sitka (*Picea sitchensis*)		0,106	0,020	0,022	0,018	0,043	
Picea brachytyla		0,108	0,016	0,018	0,023	0,035	

Fonte: adaptada de Jang e Kang (2021), Jiang, Rong-Jun e Fei (2004), Kolya e Kang (2020) e Xu et al. (2020).

TABELA 1.4

VARIAÇÃO DO COEFICIENTE DE ABSORÇÃO SONORA EM FUNÇÃO DA ESPESSURA DO ACABAMENTO SUPERFICIAL

Espécie: Picea brachytyla							
Gravidade Específica	**Espessura do acabamento de PU (mm)**	**Frequência (Hz)**					
		125	250	500	1000	2000	4000
0,51	0,00	0,108	0,016	0,018	0,023	0,035	
	0,30	0,148	0,102	0,066	0,042	0,059	
	0,60	0,158	0,099	0,072	0,050	0,054	

Fonte: adaptada de Xu *et al.* (2020).

1.3.4 Emissão e sorção de COVs

Sorção é o nome dado ao dinâmico processo de adsorção e dessorção. A adsorção se refere ao fenômeno em que átomos, íons ou moléculas na forma gasosa ou líquida aderem à superfície de um material, criando uma película. O processo se diferencia da absorção, em que o fluido é dissolvido e permeia o material, pois no caso da adsorção, o efeito é superficial. Já a dessorção é o processo inverso da adsorção, em que a camada adsorvida se desprende da superfície e retorna ao ar.

A capacidade de absorção e adsorção da madeira não ocorre somente em relação a moléculas de água (higroscopia), mas também aos compostos orgânicos voláteis (COVs). Em função de sua estrutura molecular, a madeira é capaz de adsorver os COVs presentes no ar e dessorvê-los gradativamente, reduzindo a concentração dessas partículas e proporcionando a melhoria da qualidade do ar, especialmente em ambientes fechados. Essa propriedade é relevante, tendo em vista que a toxicidade de determinado COV está diretamente associada à sua concentração – que varia de acordo com cada substância –, logo, ao reduzir sua concentração, seus potenciais riscos à saúde são diminuídos (KOTRADYOVA *et al.*, 2019; NIEDERMAYER *et al.*, 2013).

Apesar de a madeira ser capaz de contribuir para a adsorção de COVs presentes no ar, é relevante destacar que o próprio material também é, em si, uma fonte de emissão de COVs (em alguns casos, bastante significativa). No entanto, diferentemente de COVs associados a produtos químicos, os compostos volatilizados pela madeira são em sua maioria terpenos, substâncias produzidas naturalmente pelos vegetais, em especial por árvores coníferas. O segundo grupo mais abundante é formado por carbonilas, principalmente os aldeídos resultantes do processo de oxidação de ácidos-graxos insaturados. E o último componente mais abundante são os compostos aromáticos (CZAJKA; FABISIAK; FABISIAK, 2020).

Pesquisas recentes sugerem que, da mesma forma que existem COVs nocivos à saúde, causadores de câncer e doenças respiratórias, outros são capazes de causar o efeito oposto, sendo potencialmente benéficos à saúde. Um exemplo dessa classe de COVs é o a-pineno, um tipo de terpeno que é especialmente abundante em espécies de coníferas. Além de ser majoritariamente percebido como de odor agradável (é a principal substância responsável pelo odor característico das coníferas), tem efeito relaxante sobre as pessoas, melhora o sistema imunológico, tem efeito anti-inflamatório e pode até contribuir para o tratamento de alguns tipos de câncer (IKEI; SONG; MIYAZAKI, 2016; KIM *et al.*, 2015; THOPPIL; BISHAYEE, 2011).

1.3.5 Propriedades sensoriais

A maneira com que experienciamos a realidade ocorre pelo processamento e análise das informações coletadas por meio dos sentidos. Mesmo quando há a percepção de uma modalidade sensorial predominante (frequentemente a visão), dados provenientes dos outros sentidos são cruzados a todo momento para fornecer informações mais detalhadas acerca de determinado objeto ou cena. Por exemplo, ao avistar um objeto é natural o impulso de tocá-lo para averiguar se sua superfície possui propriedades que correspondem à expectativa gerada pelo estímulo visual. Qual a temperatura dessa superfície? E sua rugosidade? A partir de explorações multissensoriais, cria-se um repertório com base em experiências prévias que influenciam a percepção e o comportamento do usuário em relação ao material. Por exemplo, por conta de sua baixa condutividade térmica, em geral, a madeira é percebida como um material caloroso, cujo toque é agradável. Em um cenário hipotético de uma caminhada ao ar livre em um dia frio, ao se deparar com duas opções de banco, sendo um de madeira e outro de aço, provavelmente a escolha instintiva da grande maioria das pessoas será o banco de madeira.

Portanto, pode-se compreender que todo material possui propriedades sensoriais, que, inclusive, nos permitem discernir um material de outro. No entanto, o aspecto prático dessa propriedade é frequentemente subestimado, considerando que os livros que têm como tópico a madeira focam predominantemente nas propriedades funcionais do material, como resistência mecânica, trabalhabilidade e durabilidade, havendo pouca ou nenhuma menção às propriedades sensoriais. Não raro, são abordadas unicamente as propriedades visuais do material, com destaque para a cor e para a aparência dos grãs, que influenciam seu valor estético. No entanto, pesquisas realizadas nas últimas décadas, que investigaram os efeitos das propriedades sensoriais da madeira sobre o ser humano, verificaram que o contato com a madeira induz a redução dos níveis de estresse e proporciona relaxamento (BURNARD; KUTNAR, 2020; IKEI; SONG; MIYAZAKI, 2018; KELZ; GROTE; MOSER, 2011; SAKURAGAWA *et al.*, 2005; TSUNETSUGU; MIYAZAKI; SATO, 2005). Além disso, há a prevalente percepção de que a presença de madeira melhora a qualidade do espaço, tornando-o mais aconchegante, agradável, natural e saudável. Foram realizados estudos a partir de estímulo visual, olfativo e tátil (separadamente) que chegaram aos mesmos resultados. Os estudos nessa área ainda são escassos e preliminares, porém oferecem indicativos de que reside – ao menos parcialmente – nas propriedades sensoriais da madeira o motivo pelo qual o material causa efeitos e percepções positivas sobre o ser humano.

REFERÊNCIAS BIBLIOGRÁFICAS

AGUIAR, A. V.; SOUSA, V. A.; SHIMIZU, J. Y. Espécies de pinus mais plantadas no Brasil. *In*: *Embrapa Florestas.* Sistema de Produção 5, 2. ed., jun/2014. Disponível em: https://goo.gl/Hrj7bv. Acesso em 27 jun. 2023.

ASSOCIAÇÃO BRASILEIRA DE NORMAS TÉCNICAS. *NBR 16864-1:* Madeira Serrada – Parte 1 Terminologia. Rio de Janeiro, 2020.

BERRIEL, A. *Arquitetura de madeira*: reflexões e diretrizes de projeto para concepção de sistemas e elementos construtivos. Tese (Doutorado em Engenharia Florestal). Universidade Federal do Paraná, Curitiba, 2009.

BRITO, L. D. *Patologia em estruturas de madeira*: metodologia de inspeção e técnicas de reabilitação. 2014. Tese (Doutorado em Engenharia de Estruturas). Escola de Engenharia de São Carlos, Universidade de São Paulo, São Carlos, 2014.

BURNARD, M. D.; KUTNAR, A. Human stress responses in office-like environments with wood furniture. *Building Research and Information*, [s. l.], v. 48, n. 3, p. 316-330, 2020. DOI: 10.1080/09613218.2019.1660609.

CZAJKA, M.; FABISIAK, B.; FABISIAK, E. Emission of Volatile Organic Compounds From Heartwoozxzd and Sapwood of Selected Coniferous Species. *Forests, [s. l.]*, v. 11, n. 1, 2020. DOI: 10.3390/f11010092

GLASS, S. V.; ZELINKA, S. L. Moisture relations and physical properties of wood. In: FOREST PRODUCTS LABORATORY (FLP). *Wood handbook-wood as an engineering material.* General Technical Report FPL-GTR-190. Madison, WI: U.S. Department of Agriculture, Forest Service, Forest Products Laboratory, 2010, p. 4-1 a 4-19. DOI: 10.2737/FPL-GTR-190.

HELLMEISTER, J.C. Madeiras e suas características. *In:* I Encontro Brasileiro em Madeiras e em Estruturas de Madeiras, 1983, São Carlos. *Anais...* I Encontro Brasileiro em Madeiras e em Estruturas de Madeira, São Carlos: Escola de Engenharia de São Carlos, 1983, p. 1-37.

HERZOG, T.; NATTERER, J.; SCHWEITZER, R.; VOLZ, M.; WINTER, W. *Timber Construction Manual.* Munich: Edition Detail, 2003.

HOWE, J. *Building with Wood:* Proactive Climate Protection. Dovetail Partners, 2015. Disponível em: http://www.dovetailinc.org/reports/Building+with+Wood+Proactive+Climate+Protection_n656?prefix=%2Freports. Acesso em: 27 jun. 2023.

IKEI, H.; MIYAZAKI, Y. Positive physiological effects of touching sugi (Cryptomeria japonica) with the sole of the feet. *Journal of Wood Science*, v. 66, n. 1, p. 1-12, 2020. DOI: 10.1186/s10086-020-01876-1. Disponível em: https://doi.org/10.1186/s10086-020-01876-1.

IKEI, H.; SONG, C.; MIYAZAKI, Y. Effects of olfactory stimulation by α-pinene on autonomic nervous activity. *Journal of Wood Science*, v. 62, n. 6, p. 568-72, 2016. DOI: 10.1007/s10086-016-1576-1.

IKEI, H.; SONG, C.; MIYAZAKI, Y. Physiological effects of touching coated wood. *International Journal of Environmental Research and Public Health*, v. 14, n. 7, 2017. a. DOI: 10.3390/ijerph14070773.

IKEI, H.; SONG, C.; MIYAZAKI, Y. Physiological effects of touching wood. *International Journal of Environmental Research and Public Health*, v. 14, n. 7, p. 1–14, 2017. b. DOI: 10.3390/ijerph14070801.

IKEI, H.; SONG, C.; MIYAZAKI, Y. Physiological effects of touching the wood of hinoki cypress (Chamaecyparis obtusa) with the soles of the feet. *International Journal of Environmental Research and Public Health*, v. 15, n. 10, 2018. DOI: 10.3390/ijerph15102135.

INO, A. *Projeto e construção em madeira*. Material produzido para o minicurso realizado no V Encontro Nacional e III Encontro Latino-Americano sobre Edificações e Comunidades Sustentáveis e II Bienal de Sustentabilidade José Lutzenberger, Recife, 2009.

_____. Princípios básicos para garantir a durabilidade de uma edificação em madeira. *Workshop Durabilidade das Construções*, São Leopoldo, Brasil, 1997.

JANG, E. S.; KANG, C. W. Sound absorption characteristics of three species (binuang, balsa and paulownia) of low density hardwood. *Holzforschung*, v. 75, n. 12, p. 1115–1124, 2021. DOI: 10.1515/hf-2021-0049.

JIANG, Z.; RONG-JUN, Z.; FEI, Ben-Hua. Sound absorption property of wood for five eucalypt species. *Journal of Forestry Research*, v. 15, n. 3, p. 207–210, 2004.

JOHNSON, H. *La madera*. Barcelona: Editorial Blume, 1994.

KELZ, C.; GROTE, V.; MOSER, M. Interior wood use in classrooms reduces pupils'stress levels. *Proceedings of the 9th Biennial Conference on Environmental Psychology*, 2011.

KIM, D. S. *et al.* Alpha-Pinene Exhibits Anti-Inflammatory Activity Through the Suppression of MAPKs and the NF-κB Pathway in Mouse Peritoneal Macrophages. *American Journal of Chinese Medicine*, v. 43, n. 4, p. 731-42, 2015. DOI: 10.1142/S0192415X15500457.

KOLYA, H.; KANG, C. W. High acoustic absorption properties of hackberry compared to nine different hardwood species: A novel finding for acoustical engineers. *Applied Acoustics*, v. 169, 2020. DOI: 10.1016/j.apacoust.2020.107475.

KOTRADYOVA, V. *et al.* Wood and its impact on humans and environment quality in health care facilities. *International Journal of Environmental Research and Public Health*, v. 16, n. 18, 2019. DOI: 10.3390/ijerph16183496.

NETO, A. L. *et al.* Efeito das Diferentes Madeiras no Isolamento Acústico. *Floresta*, v. 38, p. 673-82, 2008.

NIEDERMAYER, S. *et al.* VOC sorption and diffusion behavior of building materials. *European Journal of Wood and Wood Products*, v. 71, n. 5, p. 563-71, 2013. DOI: 10.1007/s00107-013-0713-4.

PEDRAZZI, C. *et al. Química da madeira.* Santa Maria: Universidade Federal de Santa Maria, Centro de Ciências Rurais, Departamento de Ciências Florestais, 2019.

SAKURAGAWA, S. *et al.* Influence of wood wall panels on physiological and psychological responses. *Journal of Wood Science*, v. 51, n. 2, p. 136-40, 2005. DOI: 10.1007/s10086-004-0643-1.

SANTOS, F. A. *et al.* Potencial da palha de cana-de-açúcar para produção de etanol. *Química Nova*, v. 35, nº 5, pp. 1004-10, 2012.

THOPPIL, R. J.; BISHAYEE, A. Terpenoids as potential chemopreventive and therapeutic agents in liver cancer. *World Journal of Hepatology*, 2011. DOI: 10.4254/wjh.v3.i9.228.

TSUNETSUGU, Y.; MIYAZAKI, Y.; SATO, H. Visual effects of interior design in actual-size living rooms on physiological responses. *Building and Environment*, v. 40, n. 10, p. 1341-6, 2005. DOI: 10.1016/j.buildenv.2004.11.026

WAUGH THISTLETON ARCHITECTS. *100 projects UK CLT*. Canadá: Softwood Lumber Board & Forestry Innovation Investment, 2018.

WIEDENHOEFT, A. Structure and function of wood. In: FOREST PRODUCTS LABORATORY (FLP). *Wood handbook: wood as an engineering material*. General Technical Report FPL-GTR-190. Madison, WI: U.S. Department of Agriculture, Forest Service, Forest Products Laboratory, 2010, pp. 3-1 a 3-18.

XU, W. *et al.* Effect of coating thickness on sound absorption property of four wood species commonly used for piano soundboards. *Wood and Fiber Science*, v. 52, n. 1, p. 28-43, 2020. DOI: 10.22382/wfs-2020-004.

CAPÍTULO 2
Propriedades físicas e mecânicas da madeira

Simone Fernandes Tavares
Beatriz Aparecida Corrêa Souza
Tatiana de Oliveira Chiletto
Akemi Ino

Neste capítulo, serão apresentadas as propriedades físicas e mecânicas da madeira, bem como os fatores que afetam sua qualidade enquanto material construtivo, em especial, os processos de corte, secagem e tratamento preservativo. O conhecimento de tais propriedades é fundamental para o emprego correto do material, visando ao seu melhor desempenho.

2.1 Propriedades físicas

A variabilidade, ou variação, nas propriedades é comum a todos os materiais. Todavia, como a madeira é um material natural e a árvore está sujeita a muitas influências em constante mudança (tais como umidade, condições do solo e do clima, local de crescimento), há uma considerável variação de suas propriedades mesmo em espécies já conhecidas e estudadas, bem como nas diferentes partes do seu tronco (KRETSCHMANN, 2010). As características físicas mais importantes da madeira para a construção civil são o conteúdo de umidade, a retratabilidade e a densidade.

2.1.1 Conteúdo de umidade

O teor de umidade influencia as propriedades mecânicas e o desempenho[1] da madeira, afetando a qualidade final dos produtos dela derivados. A norma brasileira para estruturas de madeira NBR 7190-3 (2022) apresenta um roteiro deta-

1. O desempenho se refere ao comportamento em uso do material. Isso inclui suas diferentes classes de resistência (mecânica, química, ao fogo, ao clima), durabilidade, vida útil etc.

lhado para determinação da umidade de uma amostra de madeira (ABNT, 2022a).

Sendo a madeira um material higroscópico, ela é capaz de absorver e eliminar água e umidade. Ao ser exposta ao meio ambiente, a peça de madeira começa a perder água, iniciando o processo de secagem. No decorrer desse processo, perde-se primeiro a *água livre* (ou *água de capilaridade*), que é a água que se encontra preenchendo as cavidades celulares para, posteriormente, perder a *água de impregnação* (ou *água de constituição*), que é a água contida nas paredes celulares, entre as cadeias de celulose e microfibrilas. Dessa forma, a madeira pode ser classificada de acordo com o seu conteúdo de água, sendo verde ou seca. Ela é considerada verde quando perde apenas a água livre, e seca quando perde também parte da água de impregnação.

Existem dois valores de teor de umidade particularmente importantes:

- Ponto de saturação das fibras (PSF): é o teor de umidade que a madeira possui quando atinge o mínimo de água livre e o máximo de água de impregnação.
- Umidade de equilíbrio ao ar: quando a madeira perde parte da água de impregnação até alcançar um teor de equilíbrio com a umidade relativa do ambiente.

A madeira recém-cortada tem um teor de umidade de cerca de 60% (densidade verde com água livre e água de constituição). O PSF varia de 20 a 30%, sendo adotado o valor de 25% como referência (CALIL JR.; LAHR; DIAS, 2003). A partir desse ponto, a madeira perde água de impregnação, sofrendo mudanças dimensionais e em suas propriedades mecânicas (resistência e elasticidade) (DEPLAZES, 2005). A madeira seca é a indicada para o uso na construção civil, a fim de evitar que as mudanças dimensionais drásticas ocorram na peça em uso.

Ainda assim, mesmo quando seca, o teor de umidade da madeira muda dependendo da umidade relativa do ar do ambiente em que se encontra, devido ao seu caráter higroscópico. Se a umidade é absorvida, a madeira incha; se a umidade é liberada, a madeira encolhe. Tal característica torna os ambientes construídos com elementos de madeira mais agradáveis e salubres. Idealmente, a umidade relativa dos ambientes deve ficar entre 40 e 60%, pois é a faixa em que os efeitos adversos à saúde oriundos da umidade do ar são minimizados (ARUNDEL *et al.*, 1986). Quando a umidade é muito alta ou muito baixa, compromete negativamente a qualidade do ar e a percepção de conforto. Com a presença de madeira no ambiente, há a liberação de umidade em dias muito secos; e em dias muito úmidos, ela é capaz de absorver parte do vapor de água equilibrando a umidade relativa do ar, tornando o ambiente mais confortável ao usuário.

2.1.2 Retratibilidade ou contração

A retratibilidade, ou contração, está relacionada às mudanças nas dimensões da peça de madeira ocasionadas pela perda de umidade. Ela ocorre de maneira diferente nas três direções principais correspondentes aos planos tangenciais, radiais e longitudinais (Figura 2.1), acarretando, inclusive, sua retração volumétrica (HELLMEISTER, 1983; DEPLAZES, 2005). A variação é usualmente medida em percentuais e suas taxas indicam maior ou menor estabilidade dimensional do material, servindo como um dos parâmetros para a especificação da melhor espécie a ser empregada em um projeto.

A retração axial ou longitudinal (A) é a menor de todas, ocorre segundo a direção das fibras da madeira, e está na ordem de 0,1%. A retração radial (R) se dá segundo a direção dos raios de uma seção transversal do tronco. Por fim, a retração tangencial (T) é a maior, ocorrendo segundo a direção tangencial aos anéis de crescimento, num plano transversal ao tronco.

A variabilidade acentuada da retração tangencial em relação às demais pode ser explicada por não haver nenhum elemento anatômico nessa direção, diferentemente da direção radial, no qual existem os raios medulares resistindo à retração, e da direção axial, cujos traqueídes, nas coníferas, os vasos e as fibras, nas folhosas, encontram-se posicionados ao longo do eixo do tronco (CALIL JR.; LAHR; DIAS, 2003). A Figura 2.2 demonstra visualmente as distorções de retração que ocorrem nas peças de madeira serrada, em uma seção transversal, considerando os anéis de crescimento de um tronco.

Segundo Pereira (2013), a retração pode ser classificada de forma qualitativa em baixa, média e alta, de acordo com a Tabela 2.1.

As retrações tangencial (T) e radial (R) representam as principais mudanças dimensionais da madeira. Associadas, são responsáveis pelas distorções das peças (empenamento, encanoamento, torcimento) e pelo aparecimento de trincas e rachaduras no processo de secagem. Nesse sentido, a relação T/R representa uma medida importante para a comparação das espécies. Quanto menor a relação T/R associada a baixos valores absolutos de T e R, melhor o seu desempenho em relação à estabilidade dimensional (CALIL JR.; LAHR; DIAS, 2003). A título de ilustração, a Tabela 2.2 apresenta a variação dimensional de algumas espécies utilizadas no Brasil.

Na Tabela 2.2, o valor da relação T/R é igual para o ipê e para o eucalipto citriodora. Para a escolha da espécie mais estável, é preciso recorrer aos valores isolados de R e T, o que favorece a espécie ipê.

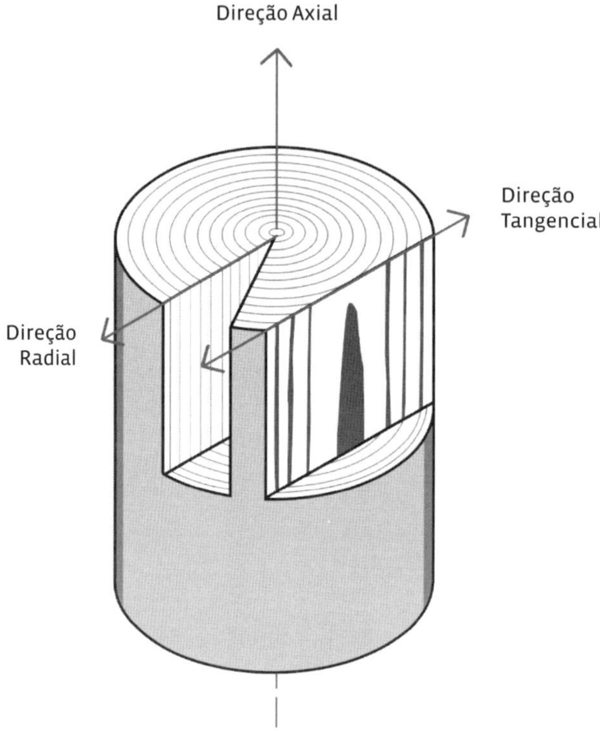

FIGURA 2.1
Três principais direções da madeira.
Fonte: autores (2022).
Desenho: Inafuku (2022).

FIGURA 2.2
Deformações das peças de madeira serrada resultante da retração.
Fonte: adaptada de Glass e Zelinka (2010). Desenho: Inafuku (2022).

TABELA 2.1
VALORES QUALITATIVOS QUANTO À RETRATIBILIDADE DA MADEIRA

	Baixa	Média	Alta
Retração tangencial (T)	< 7,43%	> 7,44% a < 11,93%	> 11,94%
Retração radial (R)	< 3,51%	> 3,52% a < 5,59%	> 5,60%
Retração volumétrica	< 12,32%	> 12,33% a < 19,39%	> 19,40%

Fonte: Pereira (2013) com base em dados obtidos pelo IPT.

TABELA 2.2
VARIAÇÃO DIMENSIONAL DE ALGUMAS ESPÉCIES BRASILEIRAS

Espécie	R (%)	T (%)	Relação T/R
Angelim pedra	4,3	7,0	1,6
Cedro	4,0	5,3	1,3
Eucalipto citriodora	6,5	9,6	1,5
Ipê	5,1	7,8	1,5
Jatobá	3,6	6,9	1,9
Sucupira	5,9	7,3	1,2

Fonte: adaptada de Calil Jr., Lahr, Dias (2003).

2.1.3 Densidade (massa específica da madeira)

A densidade é a relação entre a massa e o volume da madeira. Em geral, ela varia de 0,1 a 1,2 g/cm³, dependendo da espécie, mas pode oscilar significativamente nas diferentes partes do tronco da árvore em virtude de sua natureza anisotrópica (HELLMEISTER, 1983). Microscopicamente, a densidade da madeira está relacionada à estrutura de seu tecido lenhoso, em especial, à proporção entre o volume do material da parede celular (espessura) e o volume dos vazios (lúmen) das fibras (WIEDENHOEFT, 2010).

Além disso, a densidade também depende do teor de umidade, razão pela qual os valores de densidade devem ser acompanhados do teor de umidade (DEPLAZES, 2005). Nas medições de densidade da madeira, há três valores que podem ser obtidos:

1. Densidade de madeira verde: relação entre peso verde e o volume verde.
2. Densidade básica: relação entre peso seco em estufa e o volume verde. Os valores obtidos se baseiam nas condições mais estáveis da madeira e são empregados essencialmente em estudos científicos, já que não possuem utilidade prática.
3. Densidade aparente: relação entre peso e volume da madeira seca ao ar, geralmente, com um teor de umidade entre 10 e 15% (PEREIRA, 2013).

Quanto mais densa a madeira, maior é a sua dureza, sua elasticidade e sua resistência mecânica, características que influenciam no melhor emprego das diferentes espécies, no tipo de processamento a ser realizado (corte, secagem e proteção) e nas ferramentas a serem utilizadas (CITEMADERA, 2009). Por outro lado, quanto maior a densidade, menor a sua trabalhabilidade e maior a sua variabilidade. Pereira (2013) classifica as madeiras qualitativamente, tendo a densidade como referência, nas categorias explicitadas na Tabela 2.3.

Em comparação com outros materiais de construção, a madeira apresenta uma alta resistência mecânica em relação à sua baixa densidade. Esse aspecto favorece, positivamente, o seu uso como elemento estrutural, facilitando sua manipulação nos processos de pré-fabricação, assim como em todas as etapas de produção, reduzindo o consumo de energia e demandando infraestruturas menos robustas para o seu emprego, em especial aliviando as fundações.

2.2 Propriedades mecânicas

Em virtude da anatomia de seu tecido lenhoso, a madeira apresenta propriedades de resistência distintas em seus eixos longitudinal, radial e tangencial. A dire-

TABELA 2.3
CLASSIFICAÇÃO EM FUNÇÃO DA DENSIDADE APARENTE DA MADEIRA

Madeira leve	Densidade aparente < 550 kg/m3
Madeira média	Densidade aparente > 550 kg/m3 a < 750 kg/m3
Madeira pesada	Densidade aparente > 750 kg/m3

Fonte: Pereira (2013), com base em dados obtidos pelo IPT.

ção longitudinal (ou axial) coincide com a orientação das fibras (folhosas) ou traqueídes (coníferas), elementos anatômicos responsáveis pela sustentação e pela resistência das árvores. Por isso, a aplicação de esforços em elementos de madeira na direção paralela às fibras e aos traqueídes apresenta uma resistência maior do que esforços aplicados perpendicularmente às fibras (CALIL JR.; LAHR; DIAS, 2003).

Por sua vez, as propriedades mecânicas definem o comportamento de um material diante da ação de cargas externas, bem como sua capacidade de resistir e transferir os esforços sem deformar ou fraturar (colapsar). São cinco os principais esforços: compressão, tração, flexão, penetração e cisalhamento.

Em geral, uma peça em uso está sujeita a um conjunto de esforços, como a flexão e o cisalhamento. No entanto, é importante compreender os fenômenos de compressão e tração isoladamente, a fim de entender como a madeira reage a cada um deles.

2.2.1 Compressão

Os esforços de compressão podem ocorrer nas direções normal, paralela ou inclinada às fibras, conforme a Figura 2.3.

Quando a compressão ocorre na direção paralela às fibras, as forças agem de forma paralela ao comprimento das fibras tentando encolhê-las. É como se tentássemos comprimir um conjunto de canudos em seu eixo longitudinal. Ainda que providos de vazios, as paredes dos diferentes canudos atuando em conjunto conferem grande resistência à peça, assim como o fazem as paredes celulares, mais especificamente as fibras (folhosas) e os traqueídes (coníferas).

Como essa resistência está vinculada à espessura das paredes celulares, podemos inferir que as partes do lenho são mais resistentes à compressão do que as partes do alburno, assim como o conjunto de anéis de crescimento gerados nas estações de outono e inverno.

Quando a compressão acontece nas direções perpendicular ou normal às fibras, a madeira apresenta uma menor resistência, na ordem de ¼ do valor apresentado quando submetida à compressão paralela. Diante desse esforço, ocorre a deformação e o esmagamento das fibras em razão da menor resistência das paredes celulares às solicitações perpendiculares. Voltando ao exemplo do canudo, se exercemos compressão em seu sentido transversal, ocorre a deformação de cada unidade e do conjunto como um todo. A madeira também não resiste bem às solicitações inclinadas. Para o cálculo dessa resistência são adotados os valores intermediários entre a compressão paralela e a normal.

2.2.2 Tração

A tração pode ocorrer de forma perpendicular ou paralela às fibras da madeira. Na tração paralela, o que se dá um esticamento das fibras ao longo do eixo longitudinal da peça, o que ocorre de maneira satisfatória. Diante dessa solicitação, a madeira apresenta baixo valor de deformação e alta resistência. Já na tração perpendicular, os esforços atuam em direção perpendicular às fibras, tentando separá-las. Como a madeira possui menor resistência para solicitações realizadas nessa direção, o seu uso nessas condições deve ser evitado (CALIL JR.; LAHR; DIAS, 2003).

2.2.3 Cisalhamento

O cisalhamento nada mais é do que a separação das fibras por meio do deslizamento paralelo entre elas. Quando a tensão é aplicada em um plano perpendicular às fibras, a madeira apresenta uma alta resistência ao cisalhamento. Caso o plano de cisalhamento for paralelo às fibras, podem ocorrer duas situações: 1) se a direção da aplicação da força coincide com a direção das fibras, ocorre cisalhamento horizontal (Figura 2.5b); 2) se a direção das tensões é perpendicular à direção das fibras (Figura 2.5c), há a tendência desses elementos rolarem uns sobre os outros – fenômeno conhecido como *cisalhamento rolling* (CALIL JR.; LAHR; DIAS, 2003).

2.2.4 Flexão simples

Na flexão simples, a madeira é submetida a quatro tipo de tensões: compressão paralela às fibras, cisalhamento horizontal, tração paralela às fibras e compressão perpendicular às fibras nas regiões de apoio (Figura 2.6).

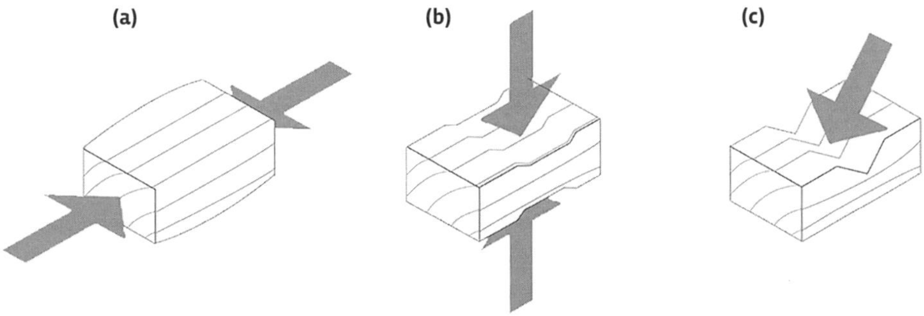

FIGURA 2.3

Esforços de compressão: (a) paralela às fibras; (b) normal às fibras; (c) inclinada às fibras.

Fonte: adapatada de Calil Jr., Lahr, Dias (2003). Desenho: Inafuku (2022).

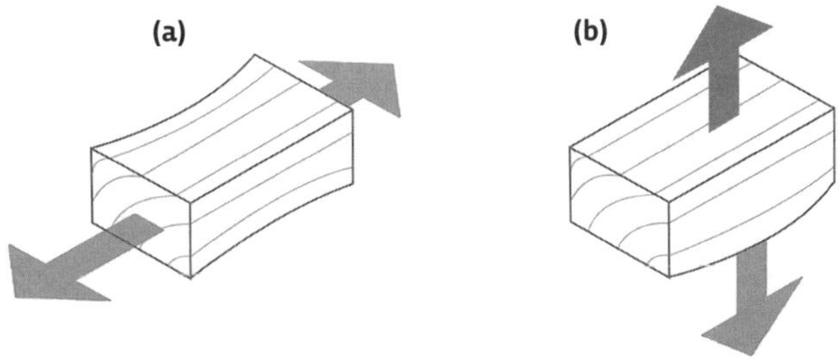

FIGURA 2.4

Esforços de tração: (a) paralela às fibras; (b) perpendicular às fibras.

Fonte: adaptada de Calil Jr., Lahr, Dias (2003). Desenho: Inafuku (2022).

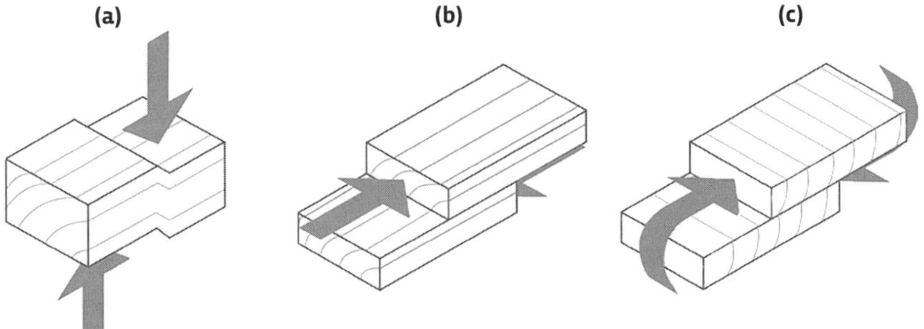

FIGURA 2.5

Tensões aplicadas (a) no plano perpendicular às fibras; (b) no plano paralelo às fibras e no sentido das fibras; (c) no plano paralelo às fibras e no sentido perpendicular à direção das fibras.

Fonte: adaptada de Calil Jr., Lahr, Dias (2003). Desenho: Inafuku (2022).

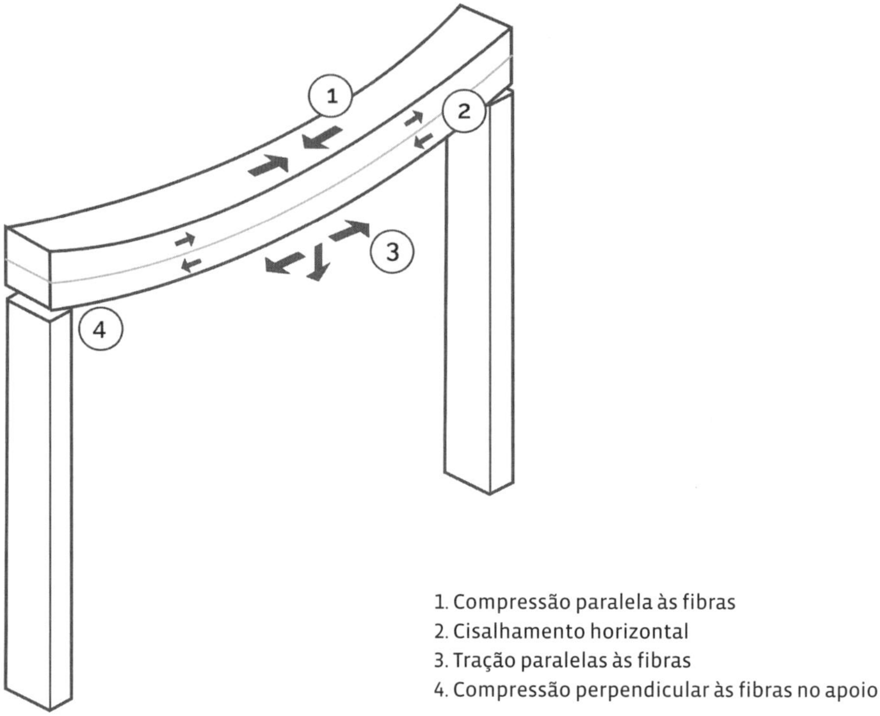

FIGURA 2.6
Flexão simples.
Fonte: adaptada de Calil Jr., Lahr, Dias (2003). Desenho: Inafuku (2022).

Na flexão, a ruptura da madeira pode ocorrer em decorrência de minúsculas falhas de compressão, seguidas pelo desenvolvimento de enrugamentos de compressão macroscópica. Essas falhas geram um aumento da área comprimida e uma redução na área tracionada, fazendo com que, eventualmente, a madeira rompa por tração (CALIL JR.; LAHR; DIAS, 2003).

2.2.5 Dureza

A dureza é a propriedade mecânica relacionada à resistência do material, à penetração, ao risco ou à deformação permanente quando pressionado por outros materiais. Na madeira, essa propriedade é classificada como *dureza janka* e é determinada por normas internacionais. A dureza janka pode ser classificada em macia, média e dura, assim como mostrado na Tabela 2.4.

TABELA 2.4
VALORES QUALITATIVOS QUANTO À DUREZA DA MADEIRA

Madeira macia	Dureza janka ≤ 392 kfg
Madeira média	Dureza janka ≤ 392 kfg à 730 kfg
Madeira dura	Dureza janka > 730 kfg

Fonte: Pereira (2013) com base em dados obtidos pelo IPT.

Segundo Pereira (2013), a madeira é tanto mais dura quanto mais camadas de crescimento ela possui, existindo, assim, uma relação entre a densidade da madeira e a sua dureza. As madeiras que são mais pesadas normalmente são mais duras e aquelas mais leves acabam sendo mais macias.

Essa classificação ajuda a definir a resistência da madeira ao tráfego de pessoas (pisos), sua suscetibilidade a riscos e arranhões, assim como o tipo de prego ou parafuso a serem utilizados em seu emprego.

2.2.6 Classe de resistência da madeira e seus valores

As propriedades de resistência e rigidez da madeira são categorizadas como classes de resistência, cujo objetivo é orientar a escolha do material para a elaboração de projetos estruturais. Trata-se de uma conformação a ser garantida pelos fornecedores do material em ensaios padronizados e em consonância com a Norma Técnica NBR 9170: 2022. A Tabela 2.5 apresenta a classe de resistência e as propriedades mecânicas das folhosas definidas em ensaios de peças estruturais e a Tabela 2.6, as mesmas informações sobre as coníferas.

Considerando estes dados, é possível indicar os tipos de madeira e seus melhores usos. Aqui, é importante ressaltar que as propriedades são definidas de acordo com o lote da madeira, levando em consideração peças sem defeitos visuais (nós, trincas, presença de alburno etc.). Isso quer dizer que uma mesma árvore pode produzir peças com diferentes classes de resistência.

Algumas madeiras, amplamente utilizadas no Brasil, possuem suas características físicas e mecânicas determinadas, como podemos ver na Tabela 2.7. As informações organizadas servem de referência para a elaboração de projetos estruturais.

TABELA 2.5

CLASSE DE RESISTÊNCIA (MPA) DAS ESPÉCIES DICOTILEDÔNEAS E SUAS PROPRIEDADES MECÂNICAS, U=12%, SEMPRE NA DIREÇÃO LONGITUDINAL ÀS FIBRAS

Classe	Flexão	Tração paralela	Tração perpendicular	Compressão paralela	Compressão perpendicular	Cisalhamento
D18	18	11	0,6	18	7,5	3,4
D24	24	14	0,6	21	7,8	4,0
D30	30	18	0,6	23	8,0	4,0
D35	35	21	0,6	24	8,1	4,0
D40	40	24	0,6	26	8,3	4,0
D50	50	30	0,6	29	9,3	4,0
D60	60	36	0,6	32	11	4,5
D70	70	42	0,6	34	13,5	5,0

Fonte: ABNT, 2022a, p. 12.

TABELA 2.6

CLASSE DE RESISTÊNCIA (MPA) DAS ESPÉCIES CONÍFERAS E SUAS PROPRIEDADES MECÂNICAS, U=12%, SEMPRE NA DIREÇÃO LONGITUDINAL ÀS FIBRAS

Classe	Flexão	Tração paralela	Tração perpendicular	Compressão paralela	Compressão perpendicular	Cisalhamento
C14	14	8,0	0,4	16	2,0	3,0
C16	16	10	0,4	17	2,2	3,2
C18	18	11	0,4	18	2,2	3,4
C20	20	12	0,4	19	2,3	3,6
C22	22	13	0,4	20	2,4	3,8
C24	24	14	0,4	21	2,5	4,0
C27	27	16	0,4	22	2,6	4,0
C30	30	18	0,4	23	2,7	4,0
C35	35	21	0,4	25	2,8	4,0
C40	40	24	0,4	26	2,9	4,0
C45	45	27	0,4	27	3,1	4,0
C50	50	30	0,4	29	3,2	4,0

Fonte: ABNT, 2022a, p. 12.

TABELA 2.7

ESPÉCIES DE MADEIRAS UTILIZADAS NO BRASIL E SUAS PRINCIPAIS PROPRIEDADES FÍSICAS E MECÂNICAS

Espécie	Densidade (kg/m³)	Retratibilidade (%)		Compressão (kgf/cm²)	Flexão (kgf/cm²)	Elasticidade (kgf/cm²)
		Contração radial (%)	Contração tangencial (%)			
Angelim pedra Hymenolobium petraeum Ducke	710	4,1%	6,3%	387,5	719	95.996
Angico preto Anadenanthera macrocarpa Brenan	1.050	4,9%	8,1%	712,78	1.566	166.805
Cedro Cedrela spp	530	4,0%	6,2%	285,5	640	85.000
Cumaru Dipteryx odorata (Aublet.) Willd	1.090	5,3%	8,2%	604,69	1.262	189.726
Cupiúba Goupia glabra Aubl	870	4,8%	9,1%	518	986	139.599
Curupixá Micropholis venulosa Pierre	790	4,7%	9,7%	413	803	130.003
Eucalipto citriodora Eucalyptus citriodora Hook	1.040	6,6%	9,5%	521	1.211	134.000
Eucalipto grandis Eucalyptus grandis W.	500	5,3%	8,7%	268	549	98.800
Freijó Cordia goeldiana Huber	590	3,2%	6,7%	373	814,75	113.198
Ipê Tabebuia spp	1.010	4,0%	5,9%	748	748,5	155.996
Itaúba Mezilaurus itauba taus	960	2,3%	6,7%	588	1.176,75	147.899
Maçaranduba Manilkara spp	1.000	6,8%	11,0%	610	1.193	150.600

Espécie	Densidade (kg/m³)	Retratibilidade (%)		Compressão (kgf/cm²)	Flexão (kgf/cm²)	Elasticidade (kgf/cm²)
Jatobá Hymenaea spp	960	3,1%	7,2%	683	1.342	151.300
Peroba rosa Aspidosperma polyneuron Müll	790	4,0%	7,8%	424	899	94.303
Pinho-do-Paraná Araucaria angustifolia	550	4,0%	7,8%	268	609	109.303
Pinus Elliottii Pinus elliottii	480	3,4%	6,3%	188	489	65.904

Fonte: IPT, em rede*.

* Os dados sobre as características físicas e mecânicas das madeiras listadas estão disponíveis no site do IPT, no seguinte endereço: https://www.ipt.br/consultas_online/informacoes_sobre_madeira/busca.

2.3 Resistência ao fogo

A madeira é um combustível sólido, composto por cerca de 85% de materiais voláteis, os quais são liberados durante o processo de pirólise (PINTO, 2001). A despeito dessa característica, apresenta um desempenho bastante favorável como estrutura principal quando submetida a altas temperaturas. Tal afirmação se deve ao comportamento próprio da madeira nessa condição: possui baixa condutividade térmica, o que torna o seu processo de combustão mais lento; necessita de maiores temperaturas para que inicie o processo de carbonização completo (400°C a 500°C); é capaz de formar uma camada superficial carbonizada que atua como barreira de isolação térmica, impedindo o avanço do fogo e mantendo sã a peça. Assim, percebe-se um núcleo intacto envolto em uma camada carbonizada.

De acordo com Pinto (2001), peças de madeira maciça e MLC mantêm sua integridade estrutural por longos períodos de exposição ao fogo, assegurando as suas funções. Isso é resultado da espessura das peças. Por isso, diz-se que a madeira é o único material que pode ser dimensionado para resistir ao incêndio, diferente de outros materiais como o aço e o concreto, os quais, para serem resistentes, necessitam de materiais adicionais, como pinturas e camadas de isolamento.

Diante dessas características, projetos em madeira devem prezar por duas principais condições, uma relacionada à seção das peças e outra ao projeto. Entre estes cuidados, de acordo com Ino (2009), podemos citar:

QUADRO 2.1

COMPARATIVO DE COMPORTAMENTO EM RELAÇÃO À TEMPERATURA DO METAL E DA MADEIRA

Temperatura	Metal	Madeira
260°C	Começa a deformar, diminuindo a sua capacidade resistentes.	Começa o risco de pegar fogo, mantendo a resistência mecânica intacta.
420°C-450°C	Perde totalmente a sua capacidade resistente e a estrutura entra em ruína.	Início da combustão.

Fonte: Ino (2009).

- Ter as suas peças principais dimensionadas com o propósito de garantir o tempo de fuga dos ocupantes (30 minutos), considerando a velocidade de combustão (0,63mm/minuto). Se possível, dimensionar para que a estrutura permaneça intacta sem entrar em colapso.
- Prezar pelos detalhes construtivos, tendo cuidado especial com as conexões utilizadas. Em geral, partes onde existem conexões metálicas representam um ponto de fragilidade ao fogo em estruturas de madeira.
- Implantar as unidades construídas em madeira com recuo suficiente para evitar transferência de chamas via aberturas entre as unidades.
- Conscientizar os usuários quanto ao uso das casas de madeira.

2.4 Fatores que influenciam as propriedades da madeira

Calil Jr., Lahr e Dias (2003) classificam em três os principais fatores que podem afetar as propriedades da madeira: anatômicos, ambientais e de utilização. A fim de facilitar as informações deste livro, dividiremos o conteúdo em duas partes principais: a) os fatores anatômicos e b) os fatores de processamento.

2.4.1 Fatores anatômicos

São fatores relacionados às propriedades intrínsecas da madeira, resultado de seu processo natural de formação, em geral, pouco influenciada pela ação humana. Entretanto, esses fatores interferem na qualidade da madeira e no desempenho final das edificações nas quais são aplicadas. Os principais fatores a serem observados são: densidade, inclinação das fibras, presença de nós, presença de medulas, faixas de parênquimas e falhas naturais.

a) Densidade

Como vimos, a densidade é um valor de referência para a determinação da resistência da madeira, pois indica o quanto de matéria resistente existe em cada espécie. Por isso, é fundamental que ela seja medida/calculada/obtida da maneira correta. Entre os cuidados, Calil Jr., Lahr e Dias (2003) destacam:

- Teor de umidade em 12%: a umidade interfere na obtenção da densidade da madeira. Quanto mais úmida, mais pesada e menor é a sua resistência mecânica. Por isso, é fundamental que a densidade seja determinada pelo teor de umidade padrão.
- Verificar a presença de nós, resinas e extratos: em geral, aumentam a densidade sem contribuir para a resistência. Nós, inclusive, são considerados pontos de fragilidade.

b) Inclinação das fibras (folhosas) ou traqueídes (coníferas)

A inclinação das fibras ou traqueídes, a depender da classe da madeira, interfere em sua resistência. Por isso, deve ser observado qual é o seu desvio em relação a uma linha paralela à borda da peça. De acordo com Calil Jr., Lahr e Dias (2003), com base na norma NBR 7190 (2022a), é permitido um desvio no ângulo de seis graus, sendo necessário verificar a variação nas propriedades da madeira para valores mais elevados a partir de cálculos.

c) Presença de nós

Os nós aparecem em pontos de surgimento de galhos na madeira. Eles reduzem a resistência da madeira pois promovem uma descontinuidade na direção de fibras ou traqueídes. A NBR 7190-2 (ABNT, 2022b) apresenta diferentes tipos de nós, que, em alguns casos, podem até ocasionar descolamento, deixando aberturas que afetam os vários desempenhos da madeira, além de prejudicar a sua resistência e o seu aspecto.

d) Falhas naturais da madeira

O encurvamento do tronco da árvore é um exemplo de falha natural e ocorre em algumas condições de localização da árvore, como em encostas e morros, ou quando muito sujeita à ação de ventos. A madeira proveniente de árvores que resistem a esforços como esses, em geral, possui suas fibras ou traqueídes desalinhados. Existe uma área de conhecimento especializada no plantio e no manejo de árvores para a construção civil a fim de evitar falhas como essa.

Outro problema seria a quase indistinção entre as camadas de alburno e o cerne dos troncos. Como vimos, o alburno é menos resistente e mais suscetível a ataques de xilófagos, o que prejudica a qualidade da madeira, principalmente aquela empregada com função estrutural.

e) Presença de medula

A medula representa um ponto de fragilidade da madeira, seja em relação à resistência mecânica, seja em relação à resistência ao ataque biológico. Corresponde aos primeiros anos de crescimento da árvore, também chamada de madeira juvenil.

f) Faixas de parênquima

Parênquimas são células retangulares curtas e de paredes finas, presentes em maior abundância nas angiospermas, escassas e dispersas nas gimnospermas. Sua função é armazenar substâncias nutritivas a serem utilizadas pela árvore (PEREIRA, 2013). Possuem baixa densidade e pouca resistência mecânica, o que torna as peças de madeira nas quais estão presentes pouco resistentes a esforços de compressão (CALIL JR.; LAHR; DIAS, 2003).

2.4.2 Fatores de processamento

Os fatores de processamento aqui considerados se referem às etapas de desdobro, secagem, tratamento e armazenagem da madeira.

2.4.2.1 Desdobro da tora

De acordo com Gava (2005), o desdobro consiste na subdivisão da tora da árvore em seu sentido longitudinal, seguindo um plano de corte estabelecido *a priori*, em geral, considerando qual será o seu melhor aproveitamento (rendimento da tora), o que é condicionado pelo seu diâmetro mas, principalmente, qual será a função ou finalidade que o produto do corte irá desempenhar. Esse processo resulta em peças em forma de pranchas, tábuas, vigas, vigotas, caibros, sarrafos e ripas.

Para se produzir peças de qualidade estrutural, por exemplo, vigas, pilares e vigotas, o ideal seria obter as peças por corte radial, já que o desdobro permite a obtenção de peças mais estáveis, menos sujeitas ao processo de retração por perda de umidade, conforme discutido no item 2.1.2. O tipo de corte mais utilizado, no entanto, é o paralelo, realizado em função da facilidade do processo e da sua produtividade. Por fim, é importante atentar, na Figura 2.7, que todos os cortes evitam a medula, parte mais frágil da tora.

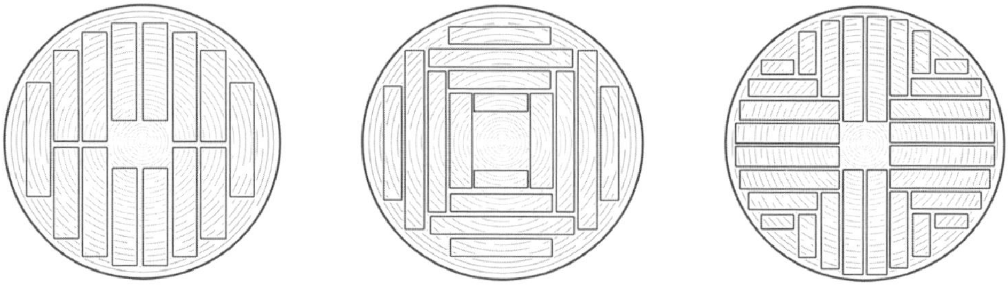

FIGURA 2.7 Tipos de cortes.
Fonte: adaptada de Franco (2019). Desenho: Inafuku (2022).

Calil Jr., Lahr e Dias (2003) também atentam para outros cuidados a serem despendidos durante o processo de corte, como a quebra das arestas ou a variação dimensional na seção (desbitolamento), aspectos que atrapalham o desempenho da madeira.

2.4.2.2 Processo de secagem

Para o melhor uso da madeira na construção é importante que esta se encontre seca, uma vez que um alto teor de umidade reduz sua resistência e interfere na precisão dimensional e na estabilidade de sua forma (ABNT, 2022a). A madeira com alto teor de umidade também está suscetível a ataques de xilógafos. Assim, a realização do processo de secagem é fundamental, permitindo outros ganhos, como: redução do peso e potencialização do transporte; aumento do seu desempenho para a realização de acabamento superficial de tintas, vernizes e produtos ignífugos e melhor eficácia dos tratamentos preservativos (CALIL JR.; LAHR; DIAS, 2003, p. 23).

A secagem não é um processo simples e as peças podem sofrer distorções ou fendilhamentos conforme perdem água, comprometendo a qualidade do produto, tanto visual quanto estruturalmente. Por isso, deve ser realizada no tempo ideal e por meio de procedimentos adequados a depender da espécie da madeira, já que cada uma delas apresenta um comportamento diferente devido às particularidades de sua anatomia. Uma vez que a secagem é bem-sucedida, as peças mantêm sua estabilidade e seu bom desempenho tanto nas etapas de transformação quanto nas de manufatura e de uso (CITEMADERA, 2009).

A secagem pode ser realizada de duas maneiras: natural ou por meio de estufa. A secagem natural é realizada ao ar livre pela exposição da madeira à ação dos diferentes fatores climáticos (temperatura, umidade relativa, velocidade do ar). Para uma maior eficiência desse processo, as seguintes condições devem ser levadas em consideração:

- Um pátio de secagem devidamente ventilado e protegido.
- O uso de separadores adequados (tabiques).
- O empilhamento correto das peças (tabicamento).

Existem três formas de tabicamento da madeira para a secagem natural. No empilhamento horizontal, as peças são organizadas em pilhas planas, distantes do solo, e colocadas lado a lado, com cada camada separada verticalmente por ripas ou separadores (tabicas), evitando o contato entre elas, permitindo a ventilação cruzada. Esse processo também é chamado de tabicamento (HELLMEISTER, 1983). O empilhamento triangular consiste na formação de pilhas por meio de encaixe das extremidades das peças. Não são utilizados espaçadores nesse tipo de empilhamento. A secagem utilizando o método X, ou justaposição dos cavaletes, consiste na colocação das tábuas inclinadas apoiadas em uma viga transversal, ou num suporte. Na extremidade inferior, as peças são acomodadas sobre uma guia, evitando o contato da madeira com o chão (CITEMADERA, 2009). Os métodos de secagem estão ilustrados nas Figuras 2.8 a, b e c.

Cada um dos processos possui vantagens e desvantagens, que são delineadas no Quadro 2.2.

A secagem em estufa, ou secagem artificial, é realizada em fornos providos de controladores, em especial de temperatura e de umidade. O tempo e a temperatura de exposição são definidos em consonância com a espécie da madeira, o que permite o controle e a redução de suas deformações. O processo de secagem utilizando um método artificial garante:

- Redução no tempo de secagem da madeira, uma vez que os processos naturais podem demorar de 6 meses a um ano.
- Um teor homogêneo de umidade nas diferentes placas e peças.
- Peças com um teor de umidade específico, menor que a umidade relativa do ar, e uniforme em todas as suas partes.

A principal desvantagem no uso de secagem por estufa consiste no alto consumo de energia, o que se reflete no custo do produto e no aumento de sua contribuição nas emissões de gases de efeito estufa (emissões relacionadas à energia embutida).

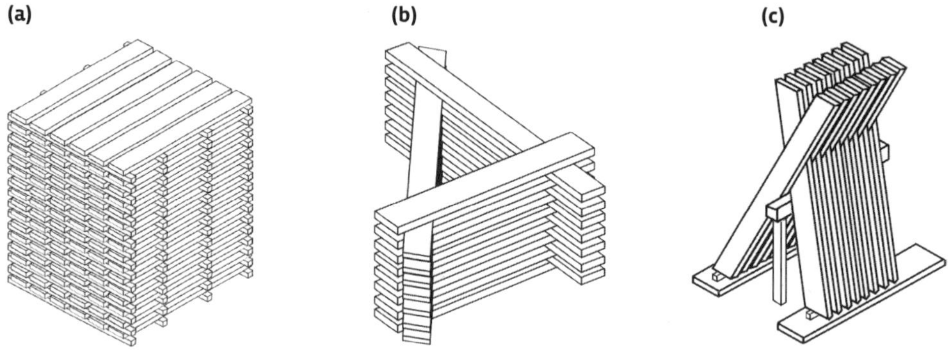

FIGURA 2.8

(a) tabicamento horizontal; (b) tabicamento triangular; (c) tabicamento em cavalete.

Fonte: adaptada de CITEMADERA (2009). Desenhos: Inafuku (2022).

QUADRO 2.2

VANTAGENS E DESVANTAGENS DOS EMPILHAMENTOS

Tipo de empilhamento	Vantagens	Desvantagens
Horizontal/ Tabicamento	Melhora qualidade de secagem; maior volume de madeira a ser empilhada.	Ocupa maior espaço; requer maior tempo de secagem.
Triangular	Secagem mais rápida.	Os pontos de encontro entre as madeiras podem ficar molhados/úmidos; aumento da possibilidade de defeitos como empenamento e fendas; aumento do risco de ataque de xilófagos nas áreas de contato.
X ou cavalete	Requer menos espaço; secagem mais rápida, pois as peças estão quase completamente expostas às ações do ambiente.	A madeira tende a empenar por ter apoio somente nas extremidades, aumentando o risco de deformação; desequilíbrio de secagem na peça, a parte inferior seca mais lentamente.

Fonte: CITEMADERA, 2009, p. 35.

A falta de cuidado nos processos de secagem, natural ou artificial, pode ocasionar defeitos nas peças, algumas vezes tornando o seu uso inviável. Os defeitos podem ser classificados como empenamentos, torcimentos, rachaduras e colapso (PEREIRA, 2013). São consideradas peças em colapso aquelas que apresentam ondulações. As rachaduras são fendas ou separações dos elementos constituintes da madeira, ocasionadas principalmente por retração. Elas podem aparecer nos extremos ou topos das peças, ser superficiais ou internas, reduzindo a resistência ao cisalhamento das peças onde se encontram presentes. Os empenamentos e torcimentos, por sua vez, referem-se às distorções que ocorrem nos planos da peça de madeira, ocasionadas, em geral, por contração diferenciada dos diferentes planos anisotrópicos da madeira. Podem ser, de acordo com Marques e Martins (2002):

- **Encanoamento:** empenamento transversal da face, sendo representada pela curvatura da largura de uma peça.
- **Encurvamento:** empenamento longitudinal da face, sendo representada pela curvatura ao longo do comprimento da peça.
- **Arqueamento:** curvatura ao longo do comprimento de uma peça em um plano paralelo à face, de modo que o eixo longitudinal forma um ângulo com a direção de seu comprimento.
- **Torcimento:** empenamento helicoidal ou espiral no sentido do eixo da peça de madeira.
- **Forma diamante:** ocorrência em peças de seção quadrada, quando a contração tangencial é maior que a radial.

Os empenamentos são influenciados, ainda, pelo processo de desdobro das toras e pela forma de armazenagem da madeira. Os diferentes defeitos estão representados na Figura 2.9.

2.4.2.3 Agentes degradadores e tratamento preservativo

Como todo material natural, a madeira está sujeita à deterioração. Seus principais agentes degradadores, de acordo com Gonzaga (2006), são os biológicos e os não biológicos (combustão, intemperismo). Entre os agentes biológicos, também chamados de agentes bióticos de deterioração, destacam-se os xilófagos, aqueles que utilizam a madeira como fonte de alimentação, podendo ser bactérias, fungos, insetos ou perfuradores marinhos. Vale a pena reforçar que esses diferentes organismos sobrevivem e se multiplicam apenas mediante condições ambientais adequadas, incluindo parâmetros favoráveis de umidade, tempera-

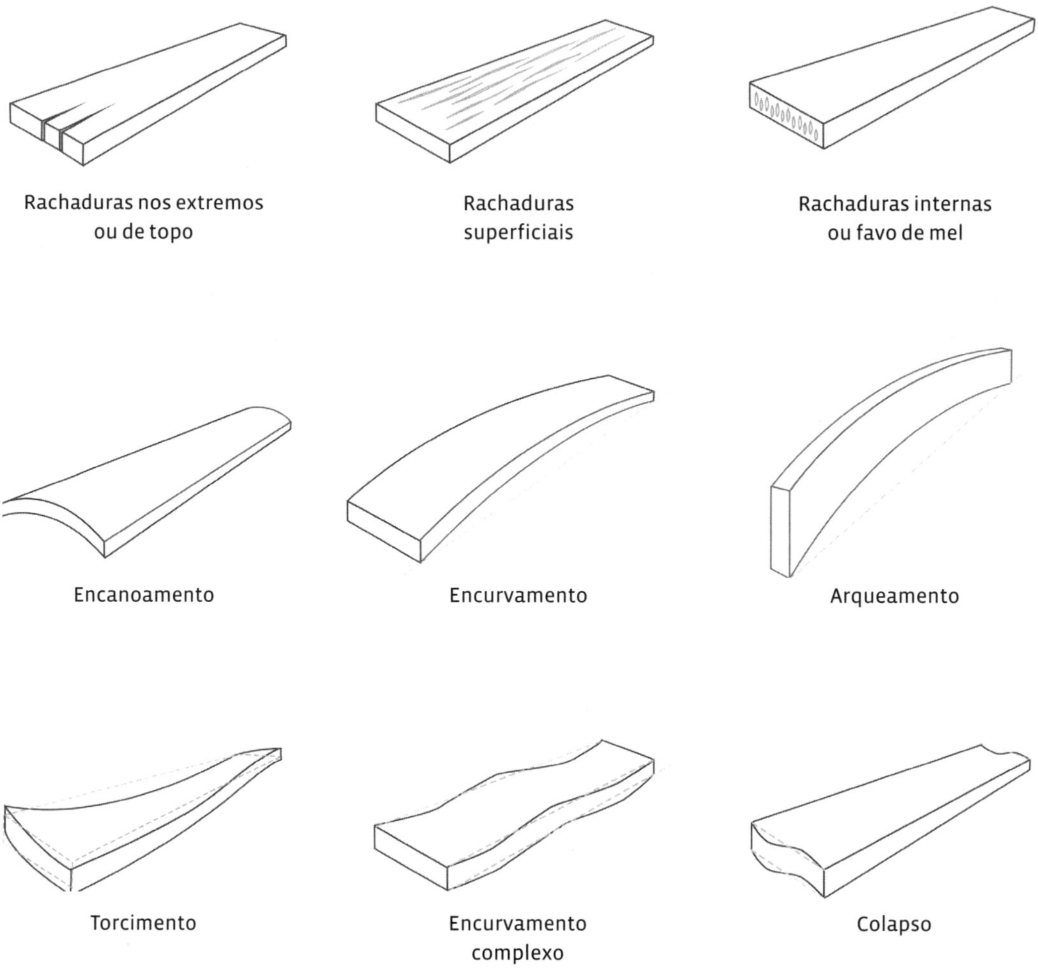

FIGURA 2.9

Distorções da madeira ocasionadas em processo de secagem.

Fonte: adaptada de Marques e Martins (2002). Desenhos: Inafuku (2022).

TABELA 2.8
CONDIÇÕES IDEAIS PARA O DESENVOLVIMENTO DE FUNGOS

	Mínima	Média	Máxima
Temperatura (°C)	3	24-36	45
Umidade relativa do ar	> 85%		
Conteúdo de umidade da madeira	25%	80%	200%
Alimento	celulose, lignina, amido		
Oxigênio	ar		

Fonte: Ino (1997).

tura, oxigênio e fonte de alimento. Se tais condições são controladas ou removidas, a madeira é preservada (ver tabela 2.8).

As bactérias, seres unicelulares, podem colonizar a madeira, geralmente em ambientes de umidade elevada, provocando o aumento de sua permeabilidade e o amolecimento de sua superfície, ou seja, alterando as suas propriedades. De acordo com Brito (2014), a ação bacteriana, apesar de lenta, pode ser potencializada por sua associação a fungos, agindo na deterioração de madeiras tratadas e sem tratamento.

Já os fungos, organismos agrupados no reino Fungi, apresentam uma grande variação de formas e tamanhos, podendo ser unicelulares ou pluricelulares. São organismos heterótrofos, dependentes da ingestão de matéria orgânica de outras espécies, vivas ou mortas, para a sua sobrevivência. O corpo das espécies pluricelulares é dividido em duas partes: o micélio e o corpo de frutificação. O micélio é formado por hifas, uma rede de filamentos longos e microscópicos. O corpo de frutificação corresponde à estrutura reprodutiva do fungo, o qual se manifesta quando o micélio se estabiliza e encontra condições adequadas para a sua reprodução, principalmente de umidade.

Ao ter contato com a madeira em condições ambientais favoráveis, os fungos formam uma rede de hifas que penetram em suas cavidades ou paredes celulares para a realização de sua alimentação, causando a degradação da estrutura da madeira. De acordo com Brito (2014), a presença do corpo de frutificação, externo a uma peça, pode ser um indicativo de alto nível de biodeterioração, a depender do tipo de fungo.

Os fungos xilófagos podem ser classificados em:

- **Fungos emboloradores:** provocam alterações na superfície da madeira (bolor). Em geral, sua ação é superficial e a madeira pode ser recuperada mediante lixamento.
- **Fungos manchadores:** penetram mais profundamente na madeira causando manchas ou descoloramento permanentes, responsáveis por vários prejuízos estéticos e de inviabilidade de uso da madeira.

Esses dois fungos colonizam a madeira com teor de umidade alto (acima de 30%) e continuam a se proliferar caso a umidade se mantenha elevada. Não atacam a parede celular da madeira, por isso, alteram pouco suas propriedades mecânicas, exceto quando esses ataques são considerados muito intensos, especialmente os fungos manchadores. Como modificam a aparência da madeira, são bons indicativos de excesso de umidade e, portanto, alertam para a necessidade de cuidados de manutenção para evitar os ataques de fungos mais agressivos (BRITO, 2014).

- **Fungos apodrecedores:** são responsáveis por alterações mecânicas e físicas da madeira. Podem provocar: a *podridão branca,* que degrada os componentes químicos estruturais da madeira; a *podridão parda,* que faz com que a madeira apresente fissuras perpendiculares e paralelas às fibras; e a *podridão mole,* na qual a peça atacada, quando úmida, apresenta superfície amolecida e, quando seca, apresenta superfície escura e pequenas fissuras perpendiculares e paralelas às fibras (PEREIRA, 2013).

Os fungos apodrecedores causam a destruição das paredes celulares, por isso sua maior influência nas propriedades mecânicas da madeira. São os mais comuns em climas tropicais.

Em relação aos insetos, existem pelo menos seis classes que atacam a madeira, de um total de 26 (BRITO, 2014). Eles podem ser xilófagos, aqueles que se utilizam da madeira como alimento, ou não. Os insetos não xilófagos usam a madeira como abrigo e ninho, escavando túneis paralelos às fibras, causando diminuição de sua resistência. Entre estes últimos pode-se citar a formiga carpinteira e a abelha carpinteira, sendo que as formigas são mais atuantes e causam maiores problemas, principalmente por associarem-se aos fungos.

Especial atenção, no entanto, é dada aos insetos xilófagos, aqueles que se alimentam da madeira, como os cupins (ou térmitas) e as brocas (besouros), cujo ataque resulta em túneis ou cavidades da peça e a presença de pó de madeira ou excrementos próximos aos orifícios. Sua ação provoca a perda de capacidade resistente da madeira, que pode levar diferentes elementos construtivos ao colapso.

Os cupins são insetos sociais que formam colônias. Estão presentes em regiões nas quais a temperatura média anual é superior a 10°C, prescindem de alto teor de umidade na madeira e alto nível de CO_2 e O_2 para a sua sobrevivência, alimentando-se da celulose (BRITO, 2014). Entre as famílias de cupins, aquelas que mais atacam a madeira, de acordo com Pereira (2013) e Brito (2014), são:

- **Cupins de madeira seca e cupins de madeira úmida:** constroem suas colônias dentro da madeira. Os cupins de madeira úmida são comuns em madeira saturada, não tratada, recém-desbastada ou instalada em contato com o solo. Os cupins de madeira seca, por sua vez, são mais resistentes e mais difíceis de serem prevenidos.
- **Cupins de solo (ou subterrâneos):** usam o próprio solo para desenvolver suas colônias, mas escavam túneis para chegar à madeira. Quando atacam a madeira são de difícil detecção, pois não deixam orifícios de saída, o qual se encontra no solo.
- **Cupins arborícolas:** constroem sua colônia acima do solo, geralmente em árvores, mas podem ser encontrados em telhados e forros.

Já as brocas de madeira, comumente conhecidas como caruncho, são besouros que se instalam em árvores vivas ou recém-cortadas, além da madeira seca, para o seu desenvolvimento e alimentação. Seu ciclo de vida tem início com o depósito do ovo, na madeira, pela fêmea. Quando os ovos eclodem, as larvas iniciam a escavação da madeira para a realização de sua alimentação, deixando o buraco apenas em um novo período de acasalamento quando já são, então, um besouro adulto. Tratamentos preservativos e selantes da superfície da madeira ajudam a prevenir o ataque de brocas. Assim como os cupins, a perda de resistência da madeira se dá por perda de sua seção resistente.

Por fim, os perfuradores marinhos, ou brocas marinhas, são responsáveis pela deterioração de madeiras utilizadas em ambientes salinos. Em geral, são moluscos ou crustáceos que perfuram a madeira, escavando túneis utilizados como abrigo. Afetam, por isso, a capacidade resistente da madeira, muitas vezes reduzindo visualmente a sua seção.

A norma NBR 7190 (ABNT, 2022a) faz uma importante relação entre os tipos de uso da madeira e os possíveis agentes biodeterioradores (Quadro 2.3), infor-

QUADRO 2.3
CATEGORIA DE USO DA MADEIRA E AGENTES BIODETERIORADORES

Categoria de uso	Condição de uso da madeira	Organismos xilófagos
1	Interior de construções, fora de contato com o solo, fundações ou alvenaria, protegido das intempéries, das fontes internas de umidade e locais livres do acesso de cupins subterrâneos ou arborícolas.	Cupim-de-madeira-seca; broca-de-madeira.
2	Interior de construções, em contato com a alvenaria, sem contato com o solo ou fundações, protegido das intempéries e das fontes internas de umidade.	Cupim-de-madeira-seca; broca-de-madeira; cupim-subterrâneo; cupim-arborícola.
3	Interior de construções, fora de contato com o solo e protegido das intempéries, que pode, ocasionalmente, ser exposto a fontes de umidade.	Cupim-de-madeira-seca; broca-de-madeira; cupim-subterrâneo; cupim-arborícola; fungo embolorador/manchador; fungo apodrecedor.
4	Uso exterior, fora de contato com o solo e sujeito às intempéries.	
5	Contato com o solo, água doce e outras situações favoráveis à deterioração, como engaste em concreto e alvenaria.	
6	Exposição à água salgada ou salobra.	Perfurador marinho; fungo embolorador/manchador; fungo apodrecedor.

Fonte: ABNT, 2022a, p. 79.

mação que auxilia na definição do tipo de tratamento a ser realizado e dá pistas para a identificação dos agentes degradadores.

A mesma norma apresenta um fluxograma síntese auxiliar para a definição do tipo de tratamento preservativo a ser empregado para o uso de madeira na construção civil, descrito na Figura 2.10.

Na segunda categoria dos agentes deterioradores, os não biológicos ou abióticos, encontram-se os agentes físicos, químicos, atmosféricos ou meteorológicos e o fogo (BRITO, 2014). Os agentes físicos se relacionam à madeira em uso, correspondendo a carga acidental e sobrecarga de componentes e sistemas construtivos. São corrigidos mediante avaliação, projeto e manutenção. A madeira

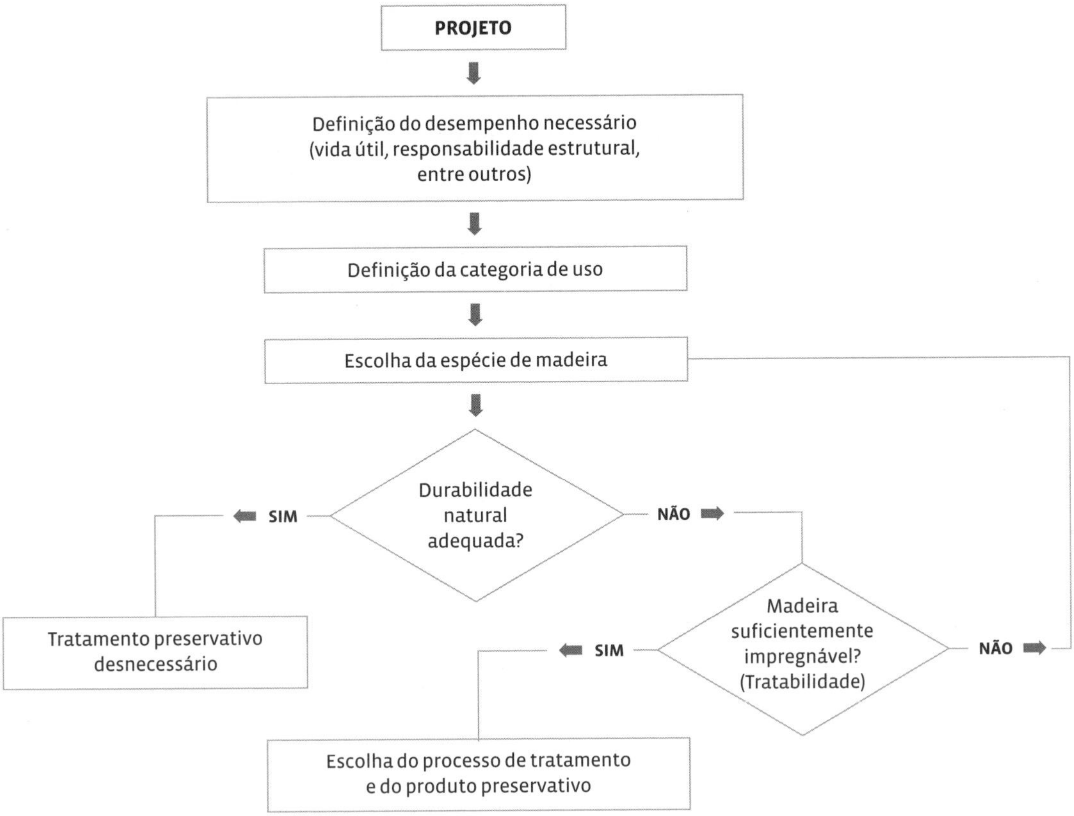

FIGURA 2.10
Fluxograma de preservação da madeira.
Fonte: ABNT, 2022a, p. 80.

possui boa resistência química, por isso, em geral, a deterioração por agentes químicos, ácidos ou básicos, resulta de acidentes.

Na deterioração por agentes atmosféricos e meteorológicos se destaca o intemperismo, o qual pode ser definido como a ação conjunta de luz ultravioleta, calor, umidade e partículas abrasivas, responsável pelo envelhecimento da madeira exposta (INO, 1997). Atuam em ambientes externos ou internos, em elementos de madeira expostos ou abrigados. Prejudicam a sua durabilidade, ainda que de forma mais lenta que outros agentes, degradando quimicamente seus elementos constitutivos, inclusive danificando o tratamento preservativo, expondo a madeira a agentes bióticos (CALIL JR. *et al.*, 2006).

A fim de evitar a ação de agentes bióticos e abióticos, em especial de fungos, insetos e intemperismo, é realizado o tratamento preservativo da madeira, em geral, pela pintura ou selagem das peças ou por impregnação das fibras. A escolha do método de tratamento e do produto preservativo a ser utilizado é realizada mediante parâmetros técnicos, considerando, entre outros fatores, a tratabilidade[2] da madeira, a sua durabilidade natural, a eficiência na prevenção ou no controle de organismos xilófagos, a segurança em relação ao homem e ao meio ambiente, a preservação das propriedades físicas e mecânicas da madeira (CALIL JR. *et al.*, 2006). Em resumo, esses tratamentos podem ser classificados de três modos, de acordo com Ino (2009):

- Tratamento preservativo contra fungos e insetos.
- Tratamento preservativo para melhorar o comportamento contra a ação do fogo.
- Tratamento de acabamento superficial para melhorar o desempenho contra ação de intempéries.

2.4.2.4 Armazenagem da madeira seca

O processo de armazenamento da madeira seca, seja em serrarias ou em canteiros de obras, é fundamental para a manutenção de sua estabilidade dimensional e qualidade, principalmente se ela permanecer muito tempo estocada. A principal preocupação deve ser em relação à umidade, o que facilita o ataque de agentes xilófagos e a deformação das peças. Entre as recomendações, de acordo com CITEmadera (2009) e Marques e Martins (2002), estão:

- Armazenar a madeira em lugar coberto e bem ventilado.
- Armazenar as peças de forma horizontal, da maneira mais nivelada possível, separadas por tabiques, garantindo a circulação de ar entre as peças para a retirada da umidade.
- Não armazenar diretamente sobre o chão a fim de evitar a umidade por capilaridade.
- Verificar periodicamente as pilhas em relação ao aparecimento de umidade ou à infestação de agentes xilófagos.

2. Tratabilidade se refere ao comportamento da madeira quanto ao nível de penetração e retenção do líquido preservativo (tratamento sob pressão). Pode ser classificada como muito fácil, moderadamente fácil, difícil ou não tratável (INO, 2009).

REFERÊNCIAS BIBLIOGRÁFICAS

ARUNDEL, S. V. *et al.* Indirect health effects of relative humidity in indoor environments. *Environmental health perspectives*, v. 65, 1986, pp. 351-361.

ASSOCIAÇÃO BRASILEIRA DE NORMAS TÉCNICAS. *NBR 7190-1*: Projeto de estruturas de madeira. Parte 1: Critérios de dimensionamento. Rio de Janeiro, 2022a.

ASSOCIAÇÃO BRASILEIRA DE NORMAS TÉCNICAS. *NBR 7190-2*: Projeto de estruturas de madeira. Parte 2: Métodos de ensaio para classificação visual e mecânica de peças estruturais em madeira. Rio de Janeiro, 2022b.

BRITO, Leandro Dussarrat. *Patologia em estruturas de madeira*: metodologia de inspeção e técnicas de reabilitação. 2014. Tese (Doutorado em Engenharia de Estruturas). Escola de Engenharia de São Carlos, Universidade de São Paulo, São Carlos, 2014.

CALIL JR., C.; LAHR, F. A. R.; DIAS, A. A. *Dimensionamento de elementos estruturais em madeira*. Barueri: Manole, 2003.

CALIL JR., C. *et al. Manual de projeto e construção de madeira*. São Carlos: Suprema, 2006.

CENTRO DE INNOVACIÓN TECNOLÓGICO DE LA MADERA (CITEmadera). *Guia de Contenidos:* Técnicas de Secado de la Madera, Serie 1: Competencias Básicas para la Producción Industrial de Muebles de Madera, Ministerio de la Producción, El Salvador, 2009.

DEPLAZES, A. (Ed.). *Constructing architecture*: materials, processes, structure. Basel: Birkhäuser, 2005.

FRANCO, J. T. Como as árvores são cortadas para produzir madeira com diferentes aparências e usos. *ArchDaily Brasil*, 7 ago. 2019. Disponível em: https://www.archdaily.com.br/br/894421/distintas-utilidades-e-aparencias-conforme-o-corte-do-tronco-de-madeira. Acesso em: 27 jun. 2023.

GAVA, Maristela. *Viabilidade técnica e econômica da produção de componentes construtivos para habitação social utilizando madeira serrada de pinus de terceira classe de qualidade*. 2005. Dissertação (Mestrado em Tecnologia do Ambiente Construído) - Escola de Engenharia de São Carlos, Universidade de São Paulo, São Carlos, 2005.

GLASS, S. V.; ZELINKA, S. L. Moisture relations and physical properties of wood. In: FOREST PRODUCTS LABORATORY (FLP). *Wood handbook* — Wood as an engineering material. General Technical Report FPL-GTR-190. Madison, WI: U.S. Department of Agriculture, Forest Service, Forest Products Laboratory, 2010, pp. 4-1 a 4-19.

GONZAGA, A. L. *Madeira: uso e conservação*. Cadernos técnicos 6. Brasília, DF: Iphan/ Monumenta, 2006.

HELLMEISTER, J. C. Madeiras e suas características. *In:* I Encontro Brasileiro em Madeiras e em Estruturas de Madeiras, 1983, São Carlos. *Anais*... I Encontro Brasileiro em Madeiras e em Estruturas de Madeira, São Carlos: Escola de Engenharia de São Carlos, 1983, p. 1-37.

Ino, A. *Projeto e construção em madeira*. Material produzido para o minicurso realizado no V Encontro Nacional e III Encontro Latino-Americano sobre Edificações e Comunidades Sustentáveis e II Bienal de Sustentabilidade José Lutzenberger, Recife, PE, 2009.

Ino, A. Princípios básicos para garantir a durabilidade de uma edificação em madeira. *Workshop Durabilidade das Construções*, São Leopoldo, Brasil, 1997.

Kretschmann, D. E. Mechanical properties of wood. In: Forest Products Laboratory (FLP). *Wood handbook – wood as an engineering material*. General Technical Report FPL-GTR-190. Madison, WI: U.S. Department of Agriculture, Forest Service, Forest Products Laboratory, 2010, pp. 5-1 a 5-46.

Marques, M. H. B.; Martins, V. A. *Secagem da madeira*. Curso para capacitação de agentes multiplicadores em valorização da madeira e resíduos vegetais. Brasília: LPF, 2002.

Pereira, A. F. (Ed.). *Madeiras brasileiras*: guia de combinação e substituição. São Paulo: Blucher, 2013.

Pinto, Edna Moura. *Proteção contra incêndio para habitações em madeira*. 2001. Dissertação (Mestrado em Tecnologia do Ambiente Construído) – Escola de Engenharia de São Carlos, Universidade de São Paulo, São Carlos, 2001.

Wiedenhoeft, A. Structure and function of wood. In: Forest Products Laboratory (FLP). *Wood handbook* – wood as an engineering material. General Technical Report FPL-GTR-190. Madison, WI: U.S. Department of Agriculture, Forest Service, Forest Products Laboratory, 2010, pp. 3-1 a 3-18.

CAPÍTULO 3
Produtos de madeira para construção

Tatiana de Oliveira Chiletto
Simone Fernandes Tavares
Beatriz Aparecida Corrêa Souza
Akemi Ino

A busca pela otimização no uso da matéria-prima e a superação de suas limitações naturais sempre suscitou a pesquisa e o desenvolvimento de novos produtos. No caso da madeira, podemos citar, ao menos, quatro características impulsionadoras desse processo: 1) a busca pela uniformização e melhoramento de suas propriedades físicas e mecânicas, já que elas variam entre as diferentes espécies, entre árvores da mesma espécie e entre partes da mesma árvore; 2) a superação dos tamanhos e das formas de produtos de madeira, como a produção de peças esbeltas maiores que a altura da tora ou a fabricação de painéis; 3) a possibilidade do uso de madeiras antes desprezadas, tidas como madeiras de segunda categoria, como aquelas com presença de nós ou defeitos, impróprias para o uso enquanto madeira serrada; e 4) o uso de rejeitos e resíduos de um processo produtivo, seja de resíduos de construção/corte e serragem ou de processos de fabricação industrial, como matéria-prima de outro produto. Assim, houve o desenvolvimento de uma ampla gama de produtos de madeira, seja a madeira sólida ou os materiais à base de madeira, com diferentes níveis de industrialização e de processamento.

Os elementos utilizados na produção de produtos à base de madeira para a construção possuem uma variedade de tamanhos e formas. O tamanho, a geometria e a organização desses elementos ditam, em grande parte, o produto fabricado, o seu desempenho e as suas possibilidades de uso, conforme apresentado na Figura 3.1.

Este capítulo oferece uma visão geral dos principais produtos de madeira atualmente utilizados na construção civil nacional e internacional e as suas características mais importantes. A fim de organizar o conteúdo, optou-se por subdividir os produtos em três grandes categorias: a) a madeira maciça, roliça e serrada; b) a madeira engenheirada, à base de madeira maciça ou de lâminas, tiras ou lascas; e c) os derivados de madeira produzidos com diferentes elementos.

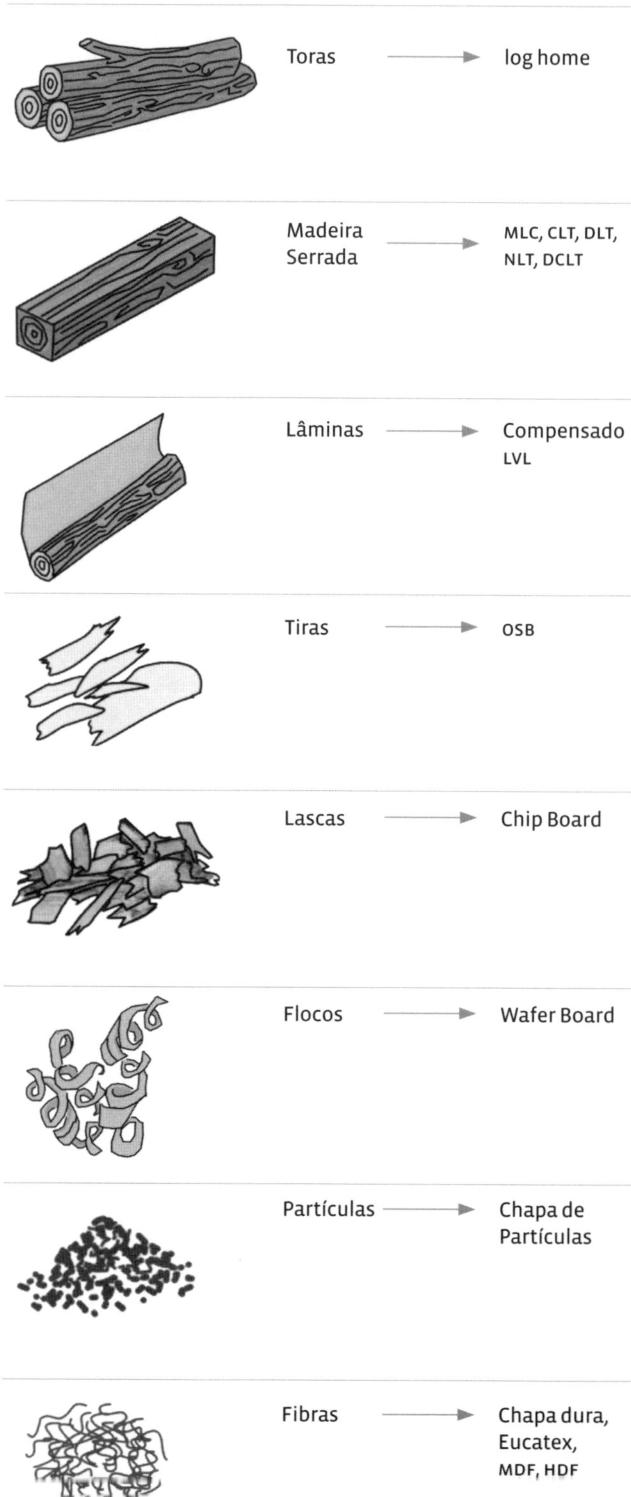

FIGURA 3.1
Elementos utilizados para produtos de madeira e produtos à base de madeira.
Fonte: adaptada de Stark, Cai e Carll (2010).
Desenho: Mezo (2022).

3.1 Madeira maciça

Como produtos de madeira maciça são incluídas a madeira roliça e a madeira serrada. Para a sua produção, comparando aos produtos de madeira engenheirada, é realizado um processo de beneficiamento mais simples, em geral resumido em corte, secagem, tratamento preservativo e usinagem, como demonstrado pela Figura 3.2. O tratamento preservativo pode constar nesta etapa ou não, conforme apresentado e discutido na seção 2.4.2.3 deste livro.

A madeira maciça seca – serrada ou roliça – beneficiada e tratada decorrente desse processo resulta em uma ampla gama de produtos utilizados na construção de diferentes componentes e sistemas construtivos, com função estrutural ou não. A madeira serrada é, inclusive, a matéria-prima de um dos segmentos dos produtos denominados madeira engenheirada.

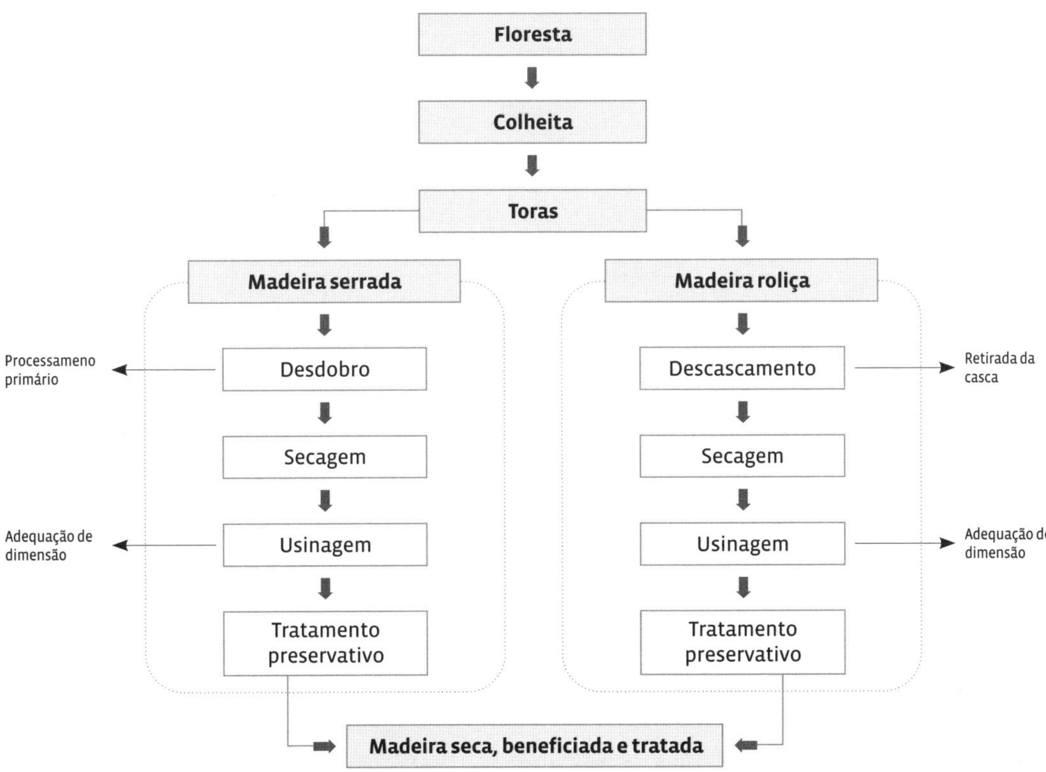

FIGURA 3.2

Processo produtivo da madeira serrada e da madeira roliça.

Fonte: adaptada de Yuba (2005). Desenho: Mezo (2022).

3.1.1 Madeira roliça

A madeira roliça é o produto de madeira com o menor grau de processamento, em geral, aplicada após o descascamento da tora. Pode ser utilizada para sistemas estruturais, como as chamadas *log homes* (detalhadas na seção 4.4.3.1), para a execução de estruturas compostas, como o sistema pilar-viga, assim como postes de distribuição de energia elétrica.

Em geral, estruturas executadas com madeira roliça são eficientes sob dois pontos: garantem o máximo aproveitamento da tora com o mínimo de geração de resíduos; e potencializam as características mecânicas da peça ao utilizar sua máxima dimensão transversal, mantendo intactas as estruturas das fibras. A desvantagem de seu uso, por sua vez, diz respeito à sua própria conicidade (o formato e a variação do diâmetro da peça ao longo do seu comprimento) e a irregularidade natural do fuste, o que dificulta processos de acabamentos, principalmente a fim de atender requisitos habitacionais. Também apresenta diferença de resistência ao momento fletor em sua dimensão longitudinal, com diminuição de 1 a 3% por metro ao longo da altura, fenômeno amplificado pela presença de nós (CALIL JR.; BRITO, 2010).

O seu uso é orientado pelas seguintes normas:

- NBR 7190:2022
  projeto de estruturas de madeira;
- NBR 6231:1980
  postes de madeira – resistência à flexão – método de ensaio;
- NBR 6232:1973
  penetração e retenção de preservativo em postes de madeira.

Os roliços selecionados para o uso devem ser isentos de: sinais de apodrecimento, principalmente no cerne; avarias no alburno provenientes do corte ou do transporte; fraturas transversais; depressões acentuadas; orifícios, pregos, cavilhas ou quaisquer peças metálicas (ABNT, 1984). São tolerados os seguintes defeitos: curvatura; sinuosidade em qualquer trecho; fendas no topo, no corpo e na base; rachas no topo e na base e com profundidade máxima de 5 cm; nós ou orifícios de nós existentes em qualquer trecho de 30 cm; veios inclinados ou espiralados (ABNT, 1984).

TABELA 3.1

NOMENCLATURA E SEÇÃO DAS PEÇAS DE MADEIRA SERRADA UTILIZADAS NO ESTADO DE SÃO PAULO*

Nomenclatura	espessura (e)	largura (l)	Dimensões comerciais (cm)
Bloco	Variável	Variável	Variável
Pranchão	> 7 cm	> 20 cm	7,5 x 20; 7,5 x 25; 7,5 x 30 10 x 20; 10 x 25; 10 x 30 15 x 20; 15 x 25; 15 x 30
Prancha	7 cm > e < 4 cm	30 cm > l < 11 cm	4 x 20; 4 x 30
Viga	> 4 cm	8 cm > l < 11 cm	6 x 12; 6 x 16
Caibro	4 cm < e < 8 cm	5 cm < l < 8 cm	5 x 6; 5 x 8
Tábua	1 cm < e < 4 cm	> 10 cm	2,5 x 10; 2,5 x 15; 2,5 x 20; 2,5 x 25; 2,5 x 30 1,25 x 15; 1,25 x 20; 1,25 x 25; 1,25 x 30
Sarrafo	2 cm < e < 4 cm	5 cm < l < 10 cm	3,8 x 7,5 2,2 x 7,5 2,5 x 5
Ripa	< 2 cm	< 10 cm	1,2 x 5 1,5 x 5
Cordão	-	-	1,5 x 1,5
Pontalete	-	-	7,5 x 7,5 cm

Fonte: adaptada de Ino (2009), Zenid (2009).

*A NBR 7203 (ABNT, 1982) indica as dimensões nacionais da madeira serrada, inclusive estabelecendo sua seção transversal. No entanto, existe uma variação regional dessas dimensões.

3.1.2 Madeira serrada

Madeira serrada, ou *sawn wood*, de acordo com a NBR 16884-1 (ABNT, 2020, p. 8) é a "madeira que resulta diretamente do desdobro de toras ou toretes, constituída de peças cortadas longitudinalmente por meio de serra, independentemente de suas dimensões, com seção retangular ou quadrada". A dimensão da seção de cada peça resultado do corte é determinada por norma, a qual estabelece a largura e espessura mínima de cada peça. Em geral, seu comprimento decorre do comprimento da tora e, portanto, da altura do tronco da árvore processada. As principais seções obtidas do processo de desdobro são denominadas de blocos, pranchões, prancha, viga, vigota, caibro, tábua, sarrafo e ripa. A Tabela 3.1 apresenta as dimensões comerciais dessas peças as quais, quando empregadas em projetos específicos, podem ser novamente cortadas.

É importante lembrar que as peças de madeira serrada resultam do processo de corte, conforme já apresentado no item 2.4.2.1 Desdobro da tora, seguindo um plano de aproveitamento da tora, assim como em função do uso final da peça. No entanto, muitas vezes o uso de madeira serrada é associado à geração de grande quantidade de rejeitos. Estima-se que de 60 a 70% da peça original se transforme em resíduo ao longo do processo de beneficiamento da madeira (CALIL JR.; BRITO, 2010). Essa perda é tão menor quanto maior o diâmetro da peça a ser serrada. Por exemplo, toras com diâmetro de 16 cm possuem um rendimento entre 35 a 50%, enquanto toras com diâmetro de 35 cm, de 55 a 65% (IBF, em rede[1]). A diferença entre os diâmetros das duas extremidades da peça também influencia no rendimento da peça, já que o plano de corte é determinado pelo menor diâmetro, assim como a presença de tortuosidade e curvamentos.

Há, por sua vez, diferentes estudos e proposições voltadas à otimização da cadeia produtiva da madeira serrada. Entre as iniciativas estão o melhoramento genético das sementes, o melhor controle dos processos de plantio, de manejo florestal e de colheita e, principalmente, a articulação entre as diferentes indústrias envolvidas no processo com o fim de transformar os rejeitos de uma etapa em matéria-prima de outros produtos (ver os trabalhos de INO, 1992; YUBA, 2005).

A madeira serrada é a matéria-prima para os mais diferentes produtos de madeira, por exemplo, sistemas estruturais, painéis de vedação, esquadrias (batentes, janelas, portas maciças), acabamentos (assoalhos, forros, rodapés, lambris, guarda-corpos), escadas, e os diferentes itens de movelaria. É, em casos específicos, matéria-prima para a produção da madeira engenheirada, como veremos na seção 3.2.

1. Informações retiradas do site do Instituto Brasileiro de Florestas, disponível em: https://www.ibflorestas.org.br/conteudo/madeira-serrada.

A norma que especifica a terminologia e os requisitos gerais necessários à madeira serrada é a NBR 16864:2020 – Madeira serrada, partes 1 e 2, e a NBR 7203:1982 – Madeira serrada e beneficiada.

3.2 Madeira engenheirada

A madeira engenheirada faz referência ao *engineered wood product* (EWP), produtos pré-fabricados de madeira serrada de pequenas dimensões. De acordo com Aflalo (2020), trata-se de componentes construtivos compostos por pequenos segmentos, arranjados de modo a otimizar o comportamento da madeira, alcançando um nível de desempenho superior ao do produto natural. A dimensão e o modo como esses segmentos são arranjados resultam em diferentes produtos, a serem empregados como elementos estruturais variados.

Entre as vantagens de seu uso estão: as propriedades físicas e mecânicas previsíveis, quando comparados aos produtos da madeira serrada; a estabilidade dimensional; a possibilidade de manufatura de componentes de grandes dimensões que agregam a resistência; e a relativa leveza, próprios do material (PASSARELLI, 2013; CHILETTO, 2021). Em geral, o seu uso implica em um método construtivo previamente determinado, baseado no próprio processo de produção do componente, embasado por intensivos processos de pré-fabricação.

Para a produção da madeira engenheirada, tem sido dada preferência à madeira de plantios florestais, especialmente o eucalipto e o pinus, no Brasil, pelas seguintes características: rapidez de crescimento; leveza (média densidade); disponibilidade; e trabalhabilidade. Cabe dizer que o plantio de florestas de pinus e eucalipto no Brasil já foi objeto de muitas discussões, principalmente por serem espécies exóticas, sem interação com as demais espécies do país, o que fez com que suas plantações recebessem a denominação desertos verdes. Estudos mais avançados, no entanto, apontam que o problema está no modelo de cultivo com base em monocultura extensiva, o que não difere de outros tipos de cultivos praticados. Como solução, em especial a Empresa Brasileira de Pesquisa Agropecuária (Embrapa), segue pesquisando novas formas de produção e de ocupação da terra, como o sistema lavoura-pecuária-floresta, do qual o sistema agroflorestal é um exemplo. Nessa mesma direção, estudos de plantios florestais com espécies nativas de rápido crescimento têm sido incentivados, em especial para uso na construção civil.

Na sequência são apresentados os produtos de madeira engenheirada e suas principais aplicações, divididos em duas grandes categorias: madeira engenheirada à base de madeira serrada e madeira engenheirada à base de lâminas, tiras e lascas.

3.2.1 À base de madeira serrada

O uso da madeira serrada para a produção de madeira engenheirada propicia a construção tanto de elementos estruturais esbeltos e lineares, como pilares e vigas, quanto de placas estruturais maciças empregadas como paredes e lajes. O que difere cada um dos produtos é como as peças de madeira serrada são organizadas e unidas.

3.2.1.1 Madeira lamelada colada (MLC)

A madeira lamelada colada (MLC), denominada internacionalmente de *glued laminated timber* (GLT ou Glulam), é um produto de madeira engenheirada com seções transversais lineares concebidas a partir da colagem de duas ou mais lamelas de madeira maciça. Na configuração da MLC, como apresentada na Figura 3.3, as fibras da madeira estão dispostas na mesma direção. Com ela, são projetados elementos lineares empregados como vigas, arcos, pórticos e pilares, ou seja, elementos esbeltos, inclusive capazes de vencer grandes vãos.

Peças de MLC podem ser fabricadas em praticamente qualquer comprimento e seção, sendo o comprimento limitado pelo espaço disponível na obra, pela mesa de colagem do fabricante e/ou pelas possibilidades de transporte. Também é possível

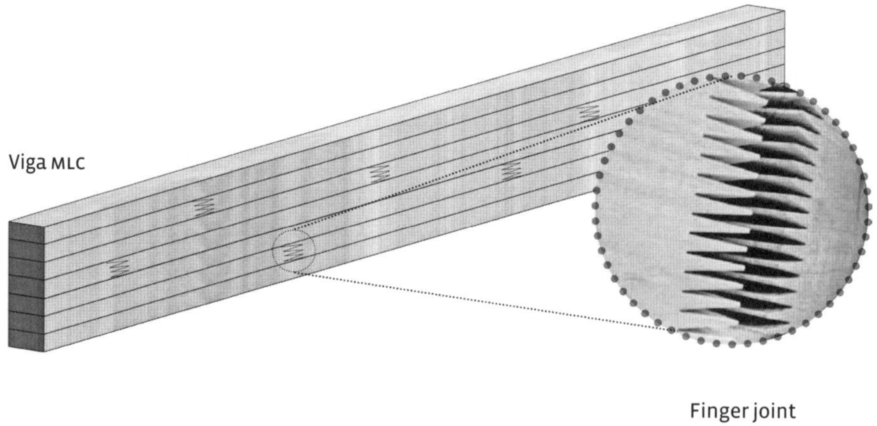

FIGURA 3.3 Configuração da MLC.
Fonte: adaptada de Think Wood (s/d). Desenho: Mezo (2022).

adicionar curvatura em até dois eixos de uma mesma peça, o que amplia a liberdade formal em seu uso. Outra vantagem do produto é a possibilidade de utilização de diversas classificações de madeira para compor uma mesma peça, localizando aquelas de maior resistência onde serão aplicados os maiores esforços, por isso, potencializando o uso da matéria-prima (STARK; CAI; CARLL, 2010).

A produção de MLC exige o uso de colas especiais, ainda não produzidas no Brasil, e possuem, em geral, custo elevado, como *phenol-resorcinol formaldehyde* (PRF); *emulsion polymer isocyanate* (EPI); *melamine formaldehyde* (MF); e *polyurethane* (PUR). Os adesivos podem variar de acordo com o fabricante (KARACABEYLI; GAGNON, 2019). A quantidade de adesivo e os demais parâmetros de colagem devem seguir as recomendações dos fabricantes do adesivo. A norma nacional recomenda a comprovação experimental tanto para as emendas em *finger-joints* como para os elementos estruturais fabricados (ABNT, 2022a).

Além disso, para que as peças atinjam o desempenho adequado, se faz necessário o uso de prensas. No que se refere à madeira, são empregadas aquelas de densidade entre 330kg/m3 e 750kg/m3, no Brasil representadas por pinus e eucalipto, respectivamente (AFLALO, 2020).

São duas as normas que orientam a produção e o uso da MLC: a EN 1194: *Timber structures – glued laminated timber – strength classes and determination of characteristic values*; e a ABNT NBR 7190: "Projeto de estruturas de madeira".

A NBR 7190-6 orienta o dimensionamento de peças estruturais em MLC. Para pré-dimensionamento das peças fletidas com seção constante, a largura mínima da seção transversal deve ser 1/7 da altura da peça. Já nas peças com seção variável, as extremidades de menor altura não devem ser inferiores a L/30 e a inclinação não deve ultrapassar 5° (ABNT, 2022a).

3.2.1.2 Madeira lamelada pregada (NLT, na sigla em inglês)

A madeira lamelada pregada, denominada em inglês como *nail-laminated timber* (NLT), é feita pela justaposição de peças de madeira serrada, ou seja, lamelas em pé, mantendo suas fibras alinhadas, unidas por meio de pregos ou parafusos, conforme ilustrada na Figura 3.4. Compõe um elemento estrutural sólido utilizado como vigas ou painéis de parede, piso ou laje, podendo conformar uma estrutura reta ou curvilínea, plana ou irregular (BINATIONAL SOFTWOOD LUMBER COUNCIL, 2017).

A MLP pode ser feito com madeira serrada de origem local e é relativamente fácil de produzir, demandando pouca infraestrutura, diferentemente de quando se usa a cola. Seu uso pode ser associado a chapas de OSB, o que melhora o isolamento térmico e acústico do produto, além de melhorar sua resistência aos esforços de cisalhamento (BSLC, 2017).

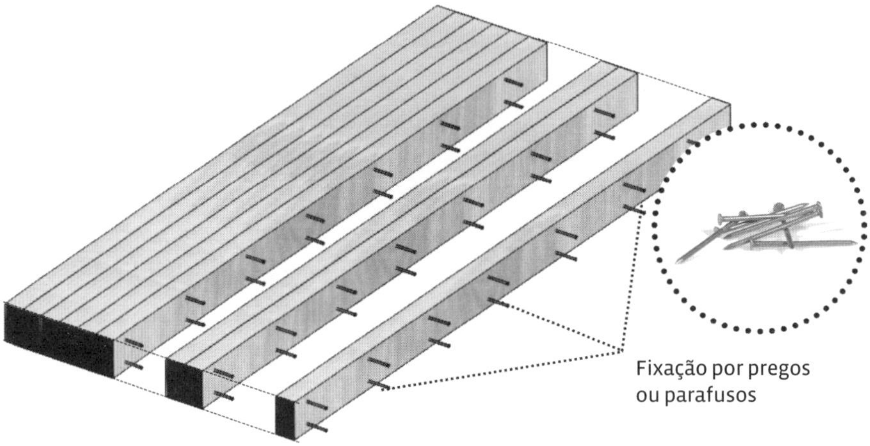

FIGURA 3.4 Configuração do NLT.
Fonte: adaptada de Think Wood (s/d). Desenho: Mezo (2022).

A produção de NLT é orientada pela norma canadense CSA O86-14: *Engineering design in wood*, publicada pelo Government of British Columbia's Forestry Innovation Investment.

3.2.1.3 Madeira lamelada cavilhada (DLT, na sigla em inglês)

A madeira lamelada cavilhada, conhecida em inglês como *dowel-laminated timber* (DLT), apresentada na Figura 3.5, consiste na união de peças de madeira serrada (lamelas) justapostas com as fibras alinhadas em uma mesma direção, utilizando cavilhas. Para que o conjunto adquira estabilidade e seja realizada uma conexão mecânica aceitável entre as lamelas e a cavilha, são empregadas madeiras de densidade e umidade diferentes. As peças a serem unidas devem ter capacidade estrutural, geralmente *softwoods*, secas a um teor de umidade de 12-15%. Já as cavilhas, em geral produzidas a partir de *hardwoods*, são secas até atingir um teor de umidade entre 4-8%. Ao combinar ambos os elementos, as cavilhas expandem, absorvendo umidade do ambiente e promovendo o equilíbrio higroscópico do sistema, garantindo a fricção entre as peças (AFLALO, 2020).

As DLTs não utilizam adesivos, pregos ou parafusos, e por isso seu uso não é adequado em ambientes nos quais há a variação excessiva de temperatura e umidade, pois o fenômeno de contração e expansão da madeira pode ocasionar a

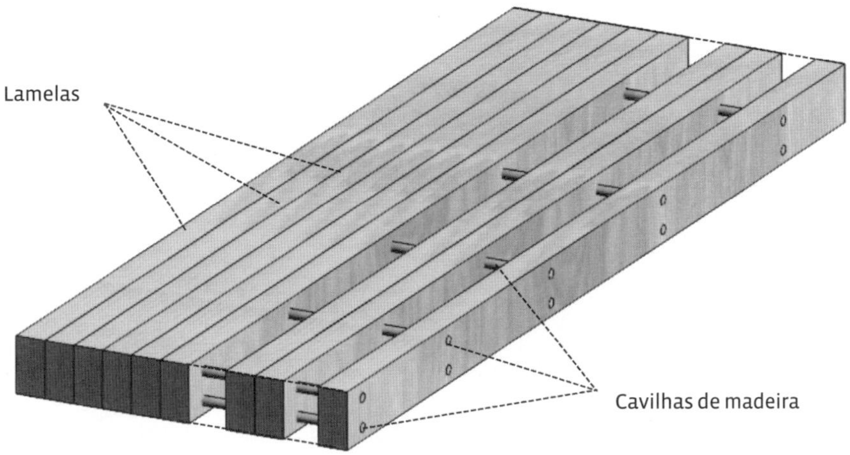

FIGURA 3.5 Configuração da DLT.
Fonte: adaptada de Think Wood (s/d). Desenho: Mezo (2022).

separação das peças. Formam painéis maciços empregados, principalmente, como lajes e paredes estruturais.

As normas técnicas que orientam a produção e uso de DLTs são a EN 1995-1-1 (2004): Eurocode 5: Design of timber structures – Part 1-1: General – Common rules and rules for buildings e a EN 1991-1-1 (2002): Eurocode 1: Actions on structures – Part 1-1: General actions – Densities, self-weight, imposed loads for buildings. Trata-se de um produto que ainda não é produzido industrialmente no Brasil, encontrando-se em fase de pesquisas (PEREIRA, 2019).

3.2.1.4 Madeira lamelada colada cruzada (CLT, na sigla em inglês)

A *cross laminated timber* (CLT), também conhecida como madeira lamelada colada cruzada (MLCC) em português, é um produto composto por um número ímpar de camadas de madeira, de 3 a 9 lâminas, dispostas ortogonalmente, e unidas por adesivo estrutural. Cada camada é formada por tábuas (lamelas) dispostas lado a lado compondo, assim, grandes painéis (BRANDNER *et al.*, 2016). Em configurações especiais, camadas consecutivas podem ser colocadas na mesma direção, dando uma camada dupla, a fim de obter capacidades estruturais específicas (GREEN, 2011).

A CLT se diferencia da MLC pela orientação das fibras nas camadas de madeira, conforme ilustra a Figura 3.6. Tais fibras, dispostas de forma alternada, melhoram

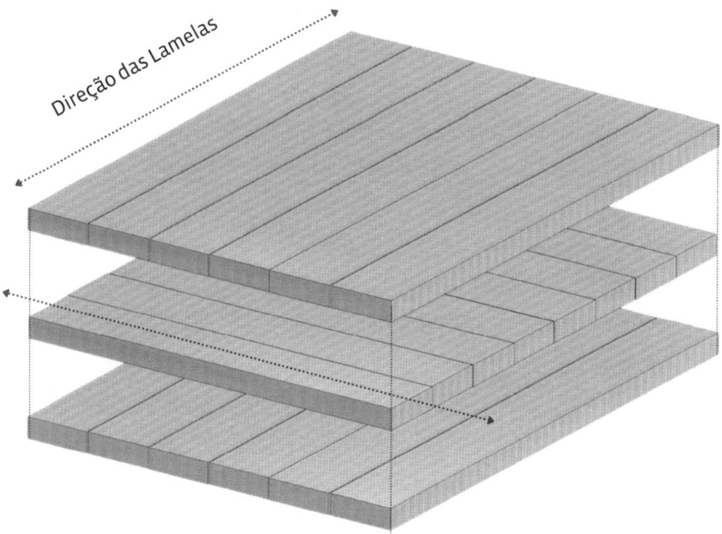

FIGURA 3.6 Configuração da CLT (ou MLCC).
Fonte: adaptada de Think Wood (s/d). Desenho: Mezo (2022).

a estabilidade dimensional dos elementos produzidos. Nos produtos CLT típicos, as tábuas das camadas externas correspondem à maior direção de resistência do painel, enquanto aquelas dispostas perpendicularmente às camadas externas, correspondem à menor direção de resistência do painel.

Diferentemente de outros produtos madeireiros, que são projetados enquanto pequenos elementos ou componentes em edifício, a CLT pode ser utilizada como estrutura primária de edifícios de porte médio e alto, o que torna a CLT uma alternativa adequada à substituição o concreto e o aço em muitos projetos de construção (CHEN; PIEROBON; GANGULY, 2019).

As normas técnicas que orientam a produção de CLT são, no Canadá e nos EUA, a ANSI/APA PRG 320: *Standard for Performance-Rated Cross-Laminated Timber* e a CSA O86 Standard: *Engineering Design in Wood*, enquanto na Europa a norma predominante é a EN 1995-1-1 (2004): *Eurocode 5: Design of timber structures - Part 1-1: General - Common rules and rules for buildings* (GREEN, 2011). No Brasil, a NBR 7190-7 (ABNT, 2022b) normatiza produtos CLT.

Como adesivos, podem ser utilizados *phenol-resorcinol formaldehyde* (PRF); *emulsion polymer isocyanate* (EPI); *melamine formaldehyde* (MF); *polyurethane* (PUR). Os adesivos podem variar de acordo com o fabricante (KARACABEYLI; GAGNON, 2019).

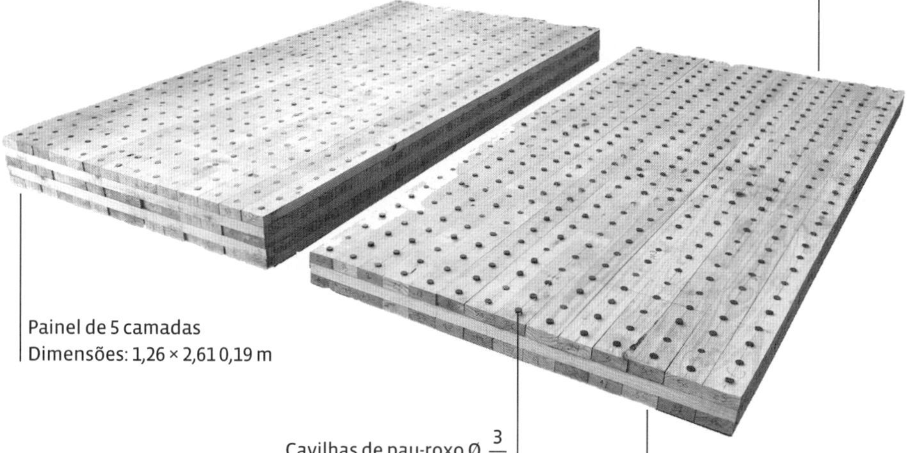

FIGURA 3.7 Painel DCLT.
Fonte: PEREIRA, 2019, p.89.

Cabe ressaltar que o tamanho dos painéis de CLT muda conforme o fornecedor. No Brasil, eles variam de 2,4 a 3 m de largura, até 12 m de comprimento, e até 0,3 m de espessura (CROSSLAM[2], [n. p.]).

3.2.1.5 Madeira lamelada cavilhada cruzada (DCLT, na sigla em inglês)

Semelhante à CLT, o *dowel cross-laminated timber* (DCLT) é um painel estrutural composto por camadas formadas por lamelas justapostas (tábuas ou lamelas deitadas), porém unidas ortogonalmente por meio de cavilhas ao invés de adesivos. Como não é utilizado qualquer tipo de adesivo químico na constituição do painel, deve-se atingir uma conexão confiável entre os diferentes componentes do painel unicamente por meio da superfície de contato entre a madeira serrada e as cavilhas (PASSARELLI; INO, 2013), como acontece com a madeira lamelada cavilhada (*dowel-laminated timber*).

Uma das vantagens do DCLT, em relação à CLT, está no custo do investimento para iniciar a produção, uma vez que, para o painel cavilhado, não são necessárias prensas hidráulicas de grandes dimensões e nem o uso de adesivos estrutu-

2. Disponível em: https://crosslam.com.br/

rais que possuem valores altos (PEREIRA, 2014). A composição do painel DCLT é apresentada na Figura 3.7.

Assim como a DLT, a DCLT ainda não possui código de norma sob o atual Código Internacional de Construção Civil (*International Building Code*, IBC). Dessa forma, o uso de DLT e DCLT exige aprovação, caso a caso, das autoridades com jurisdição (WAUGH THISTLETON ARCHITECTS, 2018). O DCLT com cavilhas soldadas ainda não é produzido industrialmente no Brasil, e se encontra em fase de pesquisas (PEREIRA, 2019).

3.2.2 À base de lâminas e tiras

A madeira engenheirada produzida a partir de lâminas, tiras e lascas é conhecida como madeira composta estrutural, ou *Structural Composite Lumber* (SCL) em inglês. Foi criada em um contexto histórico, no qual, com o uso de poucos recursos florestais, era possível criar produtos madeireiros de alta qualidade (STARK; CAI; CARLL, 2010). Pode ser fabricada a partir de matérias-primas ou espécies subutilizadas e que não são comumente manipuladas para aplicações estruturais (APA, 2019), ou a partir de árvores jovens, de pequenos diâmetros, resultando em peças de grandes seções.

Diferentemente da madeira engenheirada produzida com madeira serrada, para a produção de SCL utilizam-se lâminas, tiras e lascas de madeira seca unidas com adesivo resistente à umidade, sempre mantendo as suas fibras alinhadas em uma mesma direção, formando blocos de materiais, os quais serão, posteriormente, serrados em tamanhos especificados (APA, 2019). A SCL é considerado um produto de madeira sólida, altamente previsível, de engenharia uniforme e praticamente livre de deformações e rachaduras.

3.2.2.1 *Laminated Veneer Lumber* (LVL)

A madeira laminada[3] colada, ou *laminated veneer lumber* (LVL) em inglês, é um painel estrutural e unidirecional fabricado a partir de finas lâminas de madeira (que variam de 2,5mm a 4,8mm de espessura) unidas por adesivo à prova d'água, cujas fibras encontram-se alinhadas, dispostas paralelamente ao sentido longitudinal da peça produzida (GREEN, 2011). Essa configuração confere propriedades ortotrópicas (diferentes propriedades mecânicas nos diferentes eixos da peça), de forma semelhante às propriedades da madeira serrada, ao invés das proprie-

3. Especial atenção deve ser dada a esta palavra. Lamelada é diferente de laminada e a distinção está na dimensão das peças.

FIGURA 3.8
Viga LVL.
Fonte: Acervo Akemi Ino.

dades isotrópicas (as mesmas propriedades mecânicas em cada direção da peça), como acontece com a chapa de madeira compensada. Um exemplo de viga LVL é apresentado na Figura 3.8.

A vantagem da LVL em relação à madeira serrada é a sua menor propensão a empenamento ou encolhimento (WOODSOLUTIONS, em rede[4]). É ideal para funções estruturais pelo seu alto módulo de elasticidade e sua alta resistência, tornando-a adequada para situações de alta tensão (DEPLAZES, 2005). Nesse painel, as lâminas podem ser coladas utilizando *phenol formaldehyde resin* (PF) e *modified melamine formaldehyde resin* (MUF), no qual a proporção de resina corresponde a 10-20% do produto (STARK; CAI; CARLL, 2010). Peças de LVL são utilizadas, em geral, na fabricação de vigas e na composição de vigas compostas "I", especificamente as suas mesas (SHIGUE, 2018).

Como adesivos, são comumente empregados o fenol-formaldeído (PF), e o fenol-resorcinol-formaldeído (PRF), podendo variar a depender do fabricante (GREEN, 2011).

Semelhante à CLT, os painéis de LVL são limitados em suas dimensões apenas pelo processo de fabricação e transporte, embora a maioria dos fabricantes, em geral, faça painéis com 2,50 metros de largura (KAUFMANN *et al.*, 2018).

4. Informações disponíveis no seguinte endereço: https://www.woodsolutions.com.au/wood-species/wood-products/structural-composite-lumber-scl.

FIGURA 3.9
Viga PSL.
Fonte: Acervo Akemi Ino.

3.2.2.2 *Parallel Strand Lumber* (PSL)

O *parallel strand lumber* (PSL) é definido como um composto estrutural produzido por tiras recortadas das lâminas pré-produzidas de madeira, cujas fibras estão orientadas paralelamente ao sentido longitudinal da peça. Um exemplo de viga PSL é apresentado na Figura 3.9. As tiras são revestidas com um adesivo estrutural à prova d'água, alinhadas e unidas em prensa contínua (STARK; CAI; CARLL, 2010). Assim como a LVL e a MLC, dada a sua resistência à flexão, esse produto é usado para aplicações de vigas, cabeçotes e/ou colunas, sendo adequado para aplicações em ambientes internos e externos (APA, 2019).

Como adesivo, em geral, é utilizado o fenol-formaldeído (PF) e o fenol-resorcinol formaldeído (PRF), podendo variar a depender do fabricante (STARK; CAI; CARLL, 2010).

3.3 Derivados

Os derivados de madeira também são tipos de madeiras compostas industrializadas, disponíveis no mercado anteriormente às madeiras engenheiradas. Também podem ser estruturais ou não, aplicadas em ambientes úmidos ou secos, compondo sistemas construtivos diversificados. São produzidos a partir de lâminas, tiras, partículas e fibras de madeira.

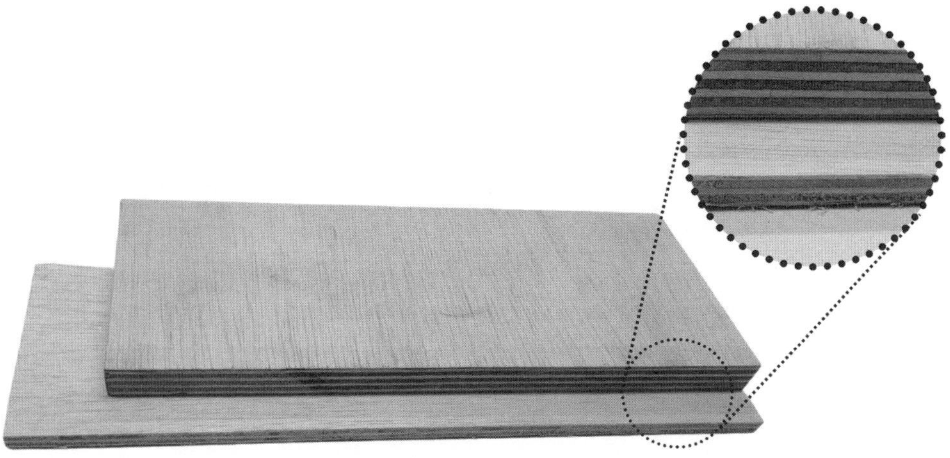

FIGURA 3.10
Plywood ou madeira compensada.
Foto: Mezo (2022).

3.3.1 Madeira compensada (*plywood*)

O painel de madeira compensada, ou *plywood*, é um produto obtido pela colagem de lâminas de madeira sobrepostas, em número ímpar, com as fibras cruzadas perpendicularmente, processo chamado de granulação cruzada, como ilustrado na Figura 3.10. A madeira utilizada na produção de madeira compensada pode ser *hardwood* ou *softwood*. Uma chapa de compensado não precisa ser produzida, necessariamente, com lâminas da mesma espécie de madeira. Podem ser utilizadas lâminas de menor resistência e rigidez nas camadas internas, mantendo as mais resistentes na camada externa, sem que haja redução de suas propriedades físicas.

As principais vantagens da madeira compensada são: homogeneização de características ao longo de toda a placa, acompanhada do equilíbrio de resistência e da rigidez nas duas direções; redução da retração da madeira; melhor aproveitamento da madeira; obtenção de maiores áreas; substituição de elementos de madeira serrada mais espessos e mais pesados (Ino, 2009).

As chapas de compensado são utilizadas, principalmente, para a composição de sistemas construtivos mistos, como painéis de vedação e de cobertura e na confecção de móveis. De forma provisória, são utilizadas em obras como tapumes, fôrmas para concreto e bandejas de proteção.

Em geral, a chapa é fabricada na dimensão de 110 x 220 cm ou 244 x 122 cm, com espessuras de 6, 10, 12, 14, 18 e 20 mm. É a espessura e o tipo de adesivos uti-

FIGURA 3.11
Chapa OSB.
Foto: Mezo (2022).

lizados em sua fabricação que determinam o melhor uso das chapas, para estruturas ou vedação, se para ambientes úmidos ou secos. Elas podem ser à prova d'água (naval), resinadas ou plastificadas.

3.3.2 Painel de tiras orientadas (OSB)

A *Oriented Strand Board* (OSB) é uma chapa produzida com três ou cinco camadas de tiras alternadas, cada camada orientada a 90 graus em relação à outra, prensadas sob alta temperatura. O aspecto superficial da chapa OSB é detalhado na Figura 3.11. Isso contribui para a melhoria do comportamento da placa à flexão e aumenta a sua estabilidade dimensional (INO, 2009). A espécie de madeira utilizada deve apresentar fibras retilíneas e permeabilidade adequada aos adesivos, sendo empregadas, em geral, madeiras de reflorestamento. As tiras medem aproximadamente 0,6 x 35 x 75 mm e, em diversos casos, são subprodutos de outras indústrias, como a do compensado. Podem ser coladas utilizando, conforme especificações em inglês, *phenol formaldehyde resin* (PF), *modified melamine formaldehyde resin* (MUF) e *polymeric diphenylmethane diisocyanate* (PMDI), no qual a proporção de resina corresponde a 5-10% do produto final (NIEMANN, 2018). Em virtude da cola de sua constituição, possui processo de degradação biológica praticamente idêntico ao da madeira sólida (DEPLAZES, 2005).

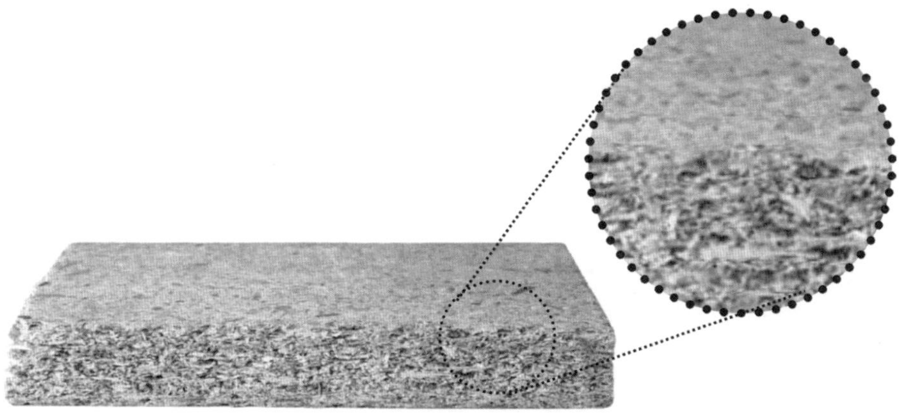

FIGURA 3.12
Aglomerado
Foto: Mezo (2022).

A OSB é empregada, principalmente, para a produção de paredes portantes, como contraventamento de pisos, paredes e tetos, acabamento, ou como alma de vigas I (NIEMANN, 2018). Também é amplamente utilizada na produção de móveis e objetos decorativos.

3.3.3 Painel aglomerado (*Chipboard*)

O painel aglomerado é formado a partir de partículas unidas por resina. O detalhe da composição das partículas é apresentado na Figura 3.12. As partículas são geradas em equipamentos picadores, e submetidas à secagem, depois recebem uma resina sintética e, finalmente, são prensadas sob alta pressão e temperatura no formato de painéis. A densidade aparente do produto é baixa, resultado da organização das camadas do produto: as camadas externas (de cobertura) são compostas por material de partículas finas; o interior do painel é formado por partículas grossas. Dessa maneira, o consumo de material é reduzido durante a fabricação, o que torna o painel mais leve. Como matéria-prima para a sua produção são utilizadas madeiras de rejeito (resíduos e madeiras de baixa qualidade) e madeiras recicladas.

As principais finalidades de uso dos painéis de aglomerado são a fabricação de móveis e o acabamento de interiores (PW, 2021). Nesse painel, as partículas podem ser coladas utilizando *phenol formaldehyde resin* (PF), *modified melamine formaldehyde resin* (MUF + MUPF), *polymeric diphenylmethane diisocyanate* (PMDI), e *urea-formaldehyde resin* (UF), no qual a proporção de resina corresponde a 5-20% do produto (NIEMANN, 2018).

3.3.4 Painel de fibra de madeira

Os painéis de fibras de madeira têm, na maioria das vezes, uma estrutura homogênea e mais fina do que a dos painéis de aglomerado. Existe uma diferenciação, principalmente, entre MDF (painel de fibras de média densidade) e HDF (painel de fibras de alta densidade), como destaca a Tabela 3.2. O painel de fibras de média densidade, ou MDF, é utilizado principalmente na indústria de móveis e pisos, bem como no acabamento de interiores. Tais painéis podem ser folheados, laminados, pintados ou revestidos de outra forma. Um exemplo de MDF é apresentado na Figura 3.13. São produzidos painéis com uma espessura de 1,2 mm até 60 mm, cuja densidade varia de 600 kg/m^3 até 1200 kg/m^3.

Já os painéis com densidade superior a 800 kg/m^3 são, geralmente, conhecidos pelo nome *High Density Fiberboard* (HDF). Eles são utilizados, principalmente, como painéis estruturais pela indústria de pisos (piso laminado) (PW, em rede[5]). Nesses painéis, as fibras podem ser coladas utilizando *phenol formaldehyde resin* (PF), *modified melamine formaldehyde resin* (MUF), *polymeric diphenylmethane diisocyanate* (PMDI), e *urea-formaldehyde resin* (UF), no qual a proporção de resina corresponde a 8-21% do produto (KOHAUS; KÖNIG, 2018).

5. Informações disponíveis no seguinte endereço: https://processing-wood.com/pt.

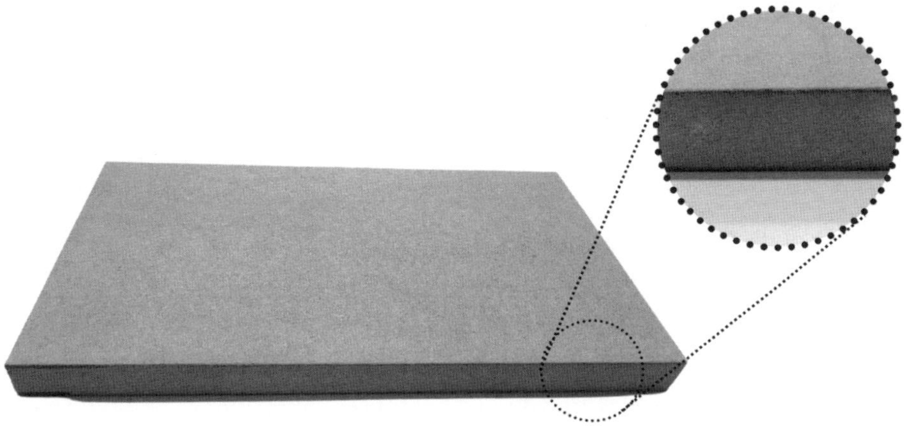

FIGURA 3.13

MDF

Foto: Mezo (2022).

TABELA 3.2

CLASSIFICAÇÃO DE MDF E HDF DE ACORDO COM A ESPESSURA E A DENSIDADE

	Faixas de espessura (mm)					
Densidade (kg/m3)	< = 6,0	> 6,0 a 9,0	> 9,0 a 12,0	> 12,0 a 19,0	> 19,0 a 30,0	> 30
> 800	HDF	HDF	–	–	–	–
651 a 800	MDF	MDF	MDF	MDF	MDF	MDF
631 a 650	–	–	–	–	MDF	MDF

Fonte: adaptada da ABNT, 2015, p. 01.

REFERÊNCIAS BIBLIOGRÁFICAS

APA. *Structural composite lumber – selection and specification*. The Engineered Wood Association, 2019.

ASSOCIAÇÃO BRASILEIRA DE NORMAS TÉCNICAS (ABNT). NBR 8456-1: Postes de eucaliptonpreservado para redes de distribuição de energia elétrica – Parte 1: Especificação.

Rio de Janeiro, 1984.

ASSOCIAÇÃO BRASILEIRA DE NORMAS TÉCNICAS (ABNT). NBR 15316-2: Painéis de fibras

de média densidade –Parte 2: Requisitos e métodos de ensaio. Rio de Janeiro, 2015.

ASSOCIAÇÃO BRASILEIRA DE NORMAS TÉCNICAS (ABNT). NBR 16864-1: Madeira Serrada

– Parte 1: Terminologia. Rio de Janeiro, 2020.

ASSOCIAÇÃO BRASILEIRA DE NORMAS TÉCNICAS (ABNT). NBR *7190-6:* Projeto de estruturas de madeira. Parte 6: Métodos de ensaio para caracterização de madeira lamelada colada estrutural. Rio de Janeiro, 2022a.

ASSOCIAÇÃO BRASILEIRA DE NORMAS TÉCNICAS (ABNT). NBR 7190-7: Projeto de estruturas de madeira. Parte 7: Métodos de ensaio para caracterização de madeira lamelada colada cruzada estrutural. Rio de Janeiro, 2022b.

AFLALO, M. *Estruturas em madeira*: forma e método. Tese (Doutorado em Arquitetura e Urbanismo). Instituto de Arquitetura e Urbanismo da Universidade de São Paulo, São Carlos, 2020. DOI: 10.11606/T.102.2020.tde-27012021-092243.

BINATIONAL SOFTWOOD LUMBER COUNCIL (BSLC). *Nail-laminated timber*. Canadian design & construction guide. v. 1. Binational Softwood Lumber Council and Forestry Innovation Investment Ltd.: 2017. Disponível em: www.naturallywood.com.

BRANDNER, R.; FLATSCHER, G. *et al.* Cross laminated timber (CLT): overview and development. *European Journal of Wood and Wood Products*, v. 74, p. 331–351, 2016. DOI: 10.1007/s00107-015-0999-5.

CALIL JR.; C.; BRITO, L. D. *Manual de projeto e construção de estruturas com peças roliças de madeira de reflorestamento.* São Carlos: EESC/USP, 2010.

CHEN, C. X.; PIEROBON, F.; GANGULY, I. Life Cycle Assessment (LCA) of Cross-Laminated Timber (CLT) produced in Western Washington: The role of logistics and wood species mix. *Sustainability*, v. 11, n. 15, p. 1-17, 2019. DOI: 10.3390/su11051278.

CHILETTO, T. O. *Habitações em madeira:* investigação do cross-laminated timber como alternativa para o morar sustentável no Brasil. Dissertação (Mestrado em Arquitetura, Urbanismo e Tecnologia). Instituto de Arquitetura e Urbanismo, Universidade de São Paulo, São Carlos, 2021.

DEPLAZES, A. (ed.). *Constructing architecture*: materials, processes, Structure. Basel: Birkhäuser, 2005. DOI: 10.1007/3-7643-7666-x.

GREEN, M. (Ed.). *The case for tall building*: how mass timber offers a safe, economical, and environmentally friendly alternative for tall buildings structures. Vancouver: Blurb, 2011.

INO, A. *Sistema estrutural em eucalipto roliço para habitação*. Tese (Doutorado em engenharia de construção civil). Escola Politécnica, Universidade de São Paulo, São Paulo, 1992.

INO, A. *Projeto e construção em madeira*. Material produzido para o minicurso realizado no V Encontro Nacional e III Encontro Latino-Americano sobre Edificações e Comunidades Sustentáveis e II Bienal de Sustentabilidade José Lutzenberger, Recife, 2009.

KARACABEYLI, E.; GAGNON, S. *Canadian CLT handbook*. Point-Clare: FPInnovations, 2019.

KAUFMANN, H. *et al*. Structures and support structures. In: KAUFMANN, H.; KRÖTSCH, S.; WINTER, S. *Manual of multi-storey timber construction*. Munich: Detail Edition, 2018, pp. 38-49.

KOHAUS, M.; KÖNIG, H. Interior air quality – the influence of timber construction. In: KAUFMANN, H.; KROTSCH, S.; WINTER, S. *Manual of multi-storey timber construction*. Munich: Edition Detail, 2018, pp. 30-35.

NIEMANN, A. Solid wood and wood-based products. In: KAUFMANN, H.; KRÖTSCH, S.; WINTER, S. *Manual of multi-storey timber construction*. Munich: Detail Edition, 2018, pp. 18-23.

PASSARELLI, R. N. *Cross Laminated Timber:* diretrizes para projeto de painel maciço em madeira no Estado de São Paulo. Dissertação (Mestrado em Arquitetura, Urbanismos e Tecnologia). Instituto de Arquitetura e Urbanismo, Universidade de São Paulo, São Carlos, 2013.

PASSARELLI, R.; INO, A. Produção de painéis maciços de tábuas e cavilhas de madeira ("stack-board"): estudo de caso de uma fábrica austríaca. *In*: Encontro Latino-americano de Edificações e Comunidade Sustentáveis, Curitiba, 2013, *Anais...* Encontro Latino-americano de Edificações e Comunidade Sustentáveis. Curitiba: UFPR/ANTAC/UEPG, 2013. p. 26-35. DOI: 10.12702/978-85-89478-40-3-a029.

PEREIRA, M. C. M. *Metodologia para estudo da caracterização estrutural de painéis de Madeira Laminada colada*. Dissertação (Mestrado). Escola de Engenharia de São Carlos, Universidade de São Paulo, 2014.

PEREIRA, M. C. M. *Painel estrutural de madeira maciça tipo* DCLT*:* estudo experimental, analítico e numérico de dois painéis de lamelas cruzadas com ligações cavilhadas. Tese (Doutorado em Desenvolvimento, Caracterização e Aplicação de Materiais). Escola de Engenharia de São Carlos, Universidade de São Paulo, São Carlos, 2019. DOI:10.11606/T.18.2019.tde-20082019-141710.

THINK WOOD. *Mass timber in North America. Educational Advertisement*. s/d. Disponível em: https://thinkwood-wordpress.s3.amazonaws.com/wp-content/uploads/2020/08/22162045/AR0820_CEU_THINKWOOD-REPRINT-2.pdf.

SHIGUE, E. K. *Difusão da construção em madeira no Brasil*: Agentes, ações e produtos. Dissertação (Mestrado em Arquitetura e Urbanismo). Instituto de Arquitetura e Urbanismo, Universidade de São Paulo, São Carlos, 2018.

STARK, N. M.; CAI, Z.; CARLL, C. Wood-based composite materials. In: FOREST PRODUCTS LABORATORY (FLP). *Wood handbook* – wood as an engineering material. General

Technical Report FPL-GTR-190. Madison, WI: U.S. Department of Agriculture, Forest Service, Forest Products Laboratory, 2010, pp. 11-1 a 11-28. DOI: 10.2737/FPL-GTR-190.

Waugh Thistleton Architects. *100 projects* UK CLT. Canadá: Softwood Lumber Board & Forestry Innovation Investment, 2018.

Yuba, Andrea N. *Análise da pluridimensionalidade da sustentabilidade da cadeia produtiva de componentes construtivos de madeira de plantios florestais.* 2005. Tese (Doutorado em Ciências da Engenharia Ambiental). Escola de Engenharia de São Carlos, Universidade de São Paulo, São Carlos, 2005. Doi:10.11606/T.18.2005.tde-13062006-193817.

zenid, G. J. *Madeira*: uso sustentável na construção civil. 2. Ed. São Paulo: Instituto de Pesquisas Tecnológicas/SVMA, 2009.

Websites para pesquisa e conhecimento de produtos

APA: https://www.apawood.org/

Crosslam: https://www.crosslam.com.br/site/.

ITA: https://www.itaconstrutora.com.br/

IBF: https://www.ibflorestas.org.br/conteudo/madeira-serrada

Naturally: Wood https://www.naturallywood.com

PW: Processing Wood - https://processing-wood.com/pt/

Structural Craft: https://structurecraft.com/

Woodsolutions: https://www.woodsolutions.com.au/

Capítulo 4
Projeto e construção de edifícios em madeira

Lucia Shimbo
Akemi Ino

Este livro parte do argumento de que a arquitetura e a construção são indissociáveis no momento de elaboração do projeto arquitetônico. Esse argumento é derivado, por um lado, da ideia da *tectônica* bastante discutida na teoria da arquitetura, que reúne justamente a conexão conceitual da montagem física e metafísica do espaço arquitetônico, a partir de um processo de projeto que garanta que os fragmentos técnicos, estruturais e construtivos sejam arranjados em consonância com a concepção do espaço (FRAMPTON, 2001).

Por outro lado, ele se ampara nos mais de dezesseis séculos de arquitetura e de construção baseadas na tríade vitruviana, isto é, de que o edifício precisa ser firme, útil e belo (*firmitas, utilitas e venustas*), em um período no qual a técnica construtiva e o projeto arquitetônico eram indissociáveis. Foi somente a partir do século XIX, com o advento da parcelização do saber e das tecnologias, que esse equilíbrio foi quebrado (PARICIO, 1996).

Houve, portanto, uma quebra artificial da intimidade histórica entre arquitetura e construção, que precisa ser resgatada nos dias de hoje, quando a flexibilidade técnica permite, paradoxalmente, que os arquitetos esqueçam da presença da técnica (MONEO, 1985). Entendemos, assim, que "não há concepção sem técnica, nem projeto sem matéria" (PIÑON, 2006, p. 122) e que estrutura e arquitetura nascem juntas no momento elaboração do projeto (LOPES; BOGÉA; REBELLO, 2006).

A questão que este capítulo busca responder é: como resgatar essa unidade original entre concepção estrutural, arquitetônica e construtiva? A ideia aqui é apresentar a articulação entre concepção arquitetônica, princípios estruturais, sistemas construtivos e métodos de construção como um primeiro subsídio para a elaboração do projeto arquitetônico de edifícios.

É importante ressaltar que, para a concepção de projetos em madeira, essa articulação é imprescindível. Como explicam Bittencourt e Hellmeister (1995), é importante que o projeto de arquitetura responda às necessidades da produção. Nas palavras dos autores:

> O fechamento e o paramente (acabamento) adquirem nas construções em madeira um valor e um significado inexistentes nos sistemas construtivos em alvenaria, pois é necessário definir, especificar e detalhar estas partes do edifício, para recobri-lo e protegê-lo, possibilitando a sua utilização. [...] Embora possa parecer elementar, a dissociação da estrutura, do fechamento e do paramento, exige do profissional conhecimento pormenorizado do material e derivados, dos materiais passíveis de serem conjugados com a madeira, dos detalhes construtivos principalmente das ligações, dos sistemas estruturais, do processo de produção da construção: seus agentes e meios produtivos (BITTENCOURT; HELLMEISTER, 1995, p. 8).

Este capítulo apresenta quatro itens principais. O primeiro trata dos aspectos relacionados à organização dos sistemas construtivos, à análise estrutural e à modulação, elementos estes que devem ser levados em consideração no momento das concepções estrutural, construtiva e arquitetônica. O segundo item apresenta os distintos graus de fabricação dos sistemas construtivos em madeira. No terceiro, são elencados alguns princípios básicos de projeto para garantir a durabilidade de edifícios em madeira. No quarto e último item, são apresentados os principais sistemas construtivos atualmente difundidos.

4.1 Concepções estrutural, construtiva e arquitetônica

Como projetar edifícios considerando a tectônica? Ou seja, como a concepção estrutural e construtiva entra no momento da elaboração do projeto? Há diversos caminhos possíveis e dimensões a serem consideradas nesse processo. Um dos primeiros passos na direção da tectônica de um projeto de arquitetura é perceber que o espaço gerado resulta de escolhas quanto ao material e às técnicas construtivas que serão combinados para atender a cada uma das funções do edifício, sumarizadas desde a tríade vitruviana.

Para ser belo, firme e útil, o edifício precisa atender a algumas exigências relativas à segurança (ou seja, ter desempenho mecânico, segurança contra incêndio, segurança no uso e na operação), à habitabilidade (garantir estanqueidade, desempenho térmico e acústico, desempenho lumínico, saúde, higiene e qualidade do ar, funcionalidade e acessibilidade, conforto tátil) e à sustentabilidade (durabilidade, manutenibilidade e adequação ambiental) – como preconiza a NBR 15575 (ABNT, 2013), que foi um marco importante para garantir a qualidade dos edifícios no Brasil, principalmente, para o uso habitacional.

Nesta seção, as concepções construtiva e estrutural entram na elaboração do projeto arquitetônico em três aspectos principais: pela compreensão das partes do sistema construtivo; na análise dos sistemas estruturais e pela modulação do projeto.

4.1.1 Sistemas construtivos

Pensar no ordenamento da construção é estabelecer a unidade que surge quando as partes consideradas em seu conjunto determinam o todo e, inversamente, quando as partes isoladas derivam desse todo, de modo igualmente coerente. Há um constante vaivém entre as partes e o todo e é essa constante reciprocidade que dá coerência ao conjunto. Uma comparação bastante comum desse ordenamento é com a língua. Por exemplo, o significado de cada frase de uma língua deriva das palavras que a compõem, ao mesmo tempo em que o significado de cada palavra deriva da frase como um todo (HERTZBERGER, 1996).

Hertzberger (1996) destaca que cada edifício tem uma unidade temática e uma unidade de vocabulário, ou seja, um uso específico, um material e um método de construção. Mas, nesse caso, o essencial é basear o projeto numa estratégia coerente. Começando pelos componentes, temos de percorrer todo o projeto do edifício várias vezes para verificarmos se todas as extremidades podem ser reunidas sob o denominador comum de um tema, testando assim a hipótese (HERTZBERGER, 1996).

Continuando com essa comparação, podemos pensar que os sistemas construtivos correspondem a esse primeiro denominador comum para ordenar a construção numa estratégia coerente. As funções e exigências são respondidas por diferentes partes do edifício. O conjunto dessas partes forma os sistemas construtivos, que é um conceito que surgiu entre os anos de 1950 e 1960 na Europa, no bojo das tentativas de introduzir o controle de qualidade e construir novas relações com os fabricantes de componentes construtivos, em busca da industrialização da construção (GANN, 1996). Hoje ela se encontra amplamente difundida na construção civil brasileira.

A norma NBR 15575 (ABNT, 2013) estabelece cinco sistemas principais que compõem os sistemas construtivos:

- Sistemas estruturais.
- Sistemas de pisos.
- Sistemas de vedações verticais internas e externas.
- Sistemas de coberturas.
- Sistemas hidrossanitários.

Cada um desses sistemas é formado por componentes construtivos, por exemplo: pilares, vigas, painéis, telhas, blocos etc. Esses componentes construtivos, por sua vez, são compostos por determinado material construtivo (madeira, aço, cimento, terra, bambu, entre outros). Essa nomenclatura será mobilizada ao longo deste livro.

4.1.2 Análise estrutural

Entendido esse primeiro ordenamento da construção, o segundo aspecto é conceber a estrutura do edifício considerando a relação com o espaço gerado pela escolha do sistema estrutural, os sistemas de transmissão das cargas ao solo e os materiais construtivos mais adequados a esses sistemas (REBELLO, 2000). Em outras palavras, trata-se de pensar numa análise estrutural que, no momento da elaboração do projeto, pode ser bastante simplificada.

No caso da construção em madeira, enfatizamos dois sistemas principais que efetuam a transmissão das cargas: o primeiro ocorre por componentes construtivos estruturais em forma de barras (que chamaremos de estruturas independentes) e o segundo se dá por meio de placas (que formam as paredes estruturais, como chamaremos daqui por diante).

Essa análise estrutural permite identificar quais são os componentes construtivos que transmitem as cargas, iniciando-se pelo sistema de cobertura até chegar na fundação. Como mostra o exemplo da Figura 4.1, começamos pela telha, que descarrega a carga nas vigas secundárias de cobertura (também chamadas de terças) que, por sua vez, descarregam nas vigas principais, e estas se apoiam nos pilares, que transmitem as cargas à fundação.

As estruturas independentes são formadas, principalmente, por pilares e vigas e se caracterizam pela separação entre os sistemas estruturais e os sistemas de vedação vertical. Em outras palavras, só tem a função estrutural e não a de fechamento. As cargas estruturais as quais estão submetidos os edifícios se concentram nessas barras que, em geral, apresentam maiores dimensões do que os componentes de madeira empregados nas paredes estruturais. Por isso, podem ser utilizadas para edifícios com vãos estruturais maiores. Essas características permitem maior

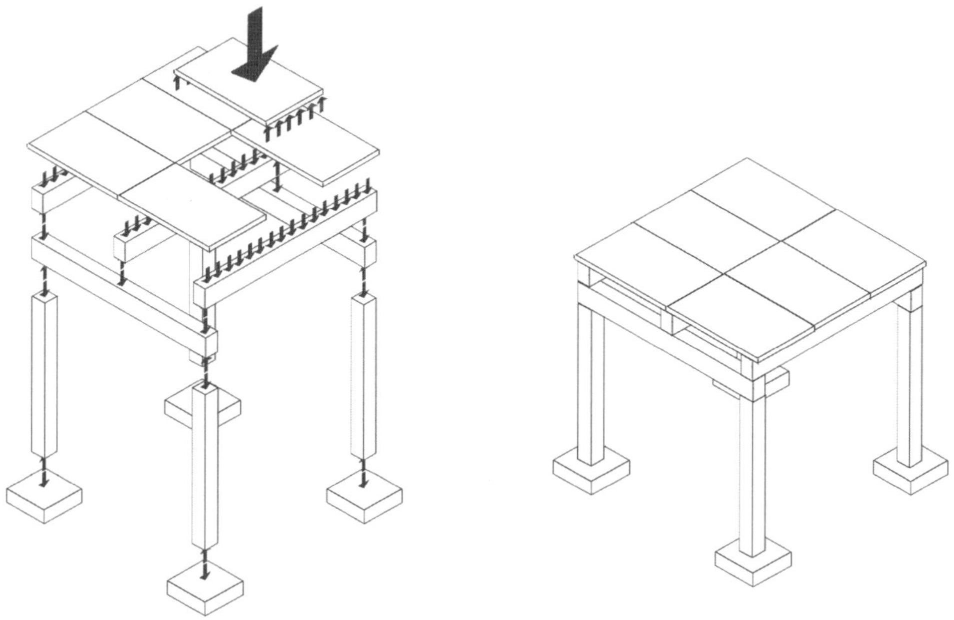

FIGURA 4.1
Transmissão das cargas em estrutura pilar e viga.
Fonte: adaptada de Ching (2010). Desenho: Inafuku (2022).

flexibilidade na composição arquitetônica, embora seja necessária a compatibilização entre vedação e estrutura, obtida por meio da modulação.

Nas paredes estruturais, essa análise se diferencia a partir dos componentes principais da estrutura. Ao invés de vigas que descarregam nos pilares, há placas que distribuem as cargas ao longo de seu comprimento e as descarregam diretamente na fundação, como está representado na Figura 4.2.

As paredes estruturais, como a própria denominação diz, se caracterizam pela correspondência entre os sistemas de vedação vertical e de estrutura, ou, em outras palavras, esse sistema tem a função também de vedar. As cargas estruturais são distribuídas ao longo das placas, fazendo com que sejam necessários componentes complementares para a abertura de vazios nos panos de parede (por exemplo, o uso de verga e contraverga para esquadrias). Essas características resultam numa composição arquitetônica que articula espaços com vãos menores, na qual a modulação é fundamental, assim como a compatibilização com outros sistemas (principalmente cobertura, pisos e instalações hidrossanitárias).

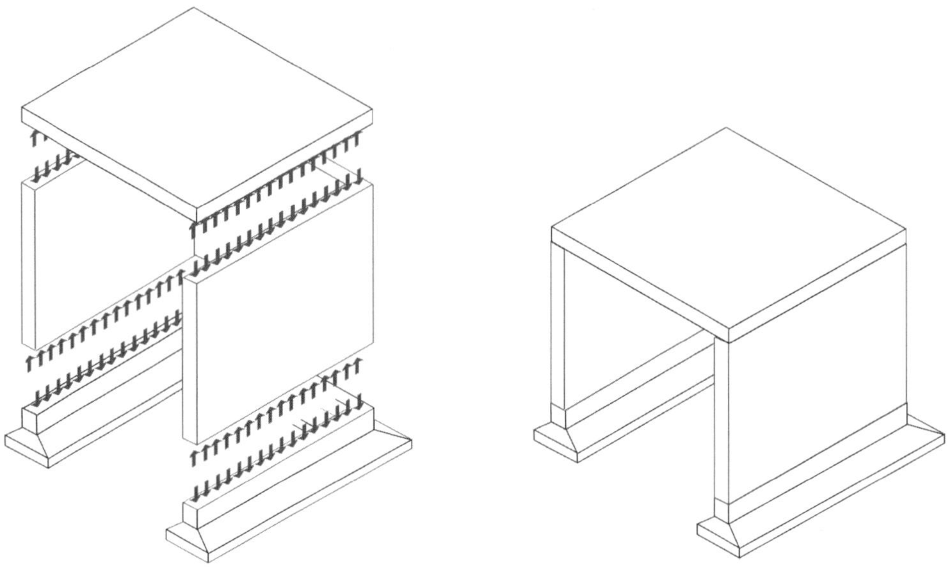

FIGURA 4.2
Transmissão das cargas em parede estrutural.
Fonte: adaptada de Ching (2010). Desenho: Inafuku (2022).

4.1.3 Modulação

O ordenamento da construção também pode ser obtido pela modulação do projeto arquitetônico, em consonância com o sistema estrutural adotado. Ela cumpre o papel que a urdidura tem no caso da fabricação dos tecidos em um tear, por exemplo, na medida em que estabelece o ordenamento básico do tecido proporcionando uma maior variedade de cor e de textura à trama, como ilustra a Figura 4.3 (HERTZBERGER, 1996).

O módulo é uma medida reguladora das proporções de uma obra arquitetônica. Na arquitetura grega, o módulo era adotado principalmente com função estética. Já os romanos adotaram o passo (uma medida antropométrica) como módulo, cumprindo aspecto estético-funcional. A partir da Revolução Industrial, o módulo passa a ser adotado dentro de uma concepção geral de coordenação modular, visando à industrialização da construção, que era essencial para a padronização de componentes, à racionalização da construção, à redução de resíduos etc. (HERTZBERGER, 1996). No Brasil, a discussão sobre coordenação modular se difundiu amplamente, articulada ao tema da racionalização da construção, em especial do sistema de alvenaria estrutural.

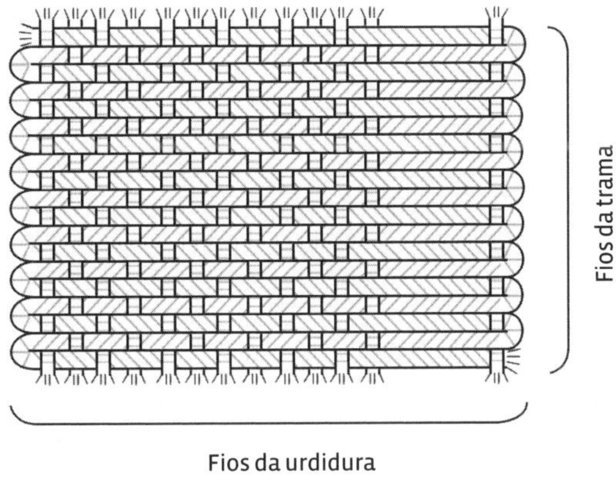

FIGURA 4.3
Trama e urdidura em um tecido.
Fonte: elaborada pelas autoras (2022). Desenho: Inafuku (2022).

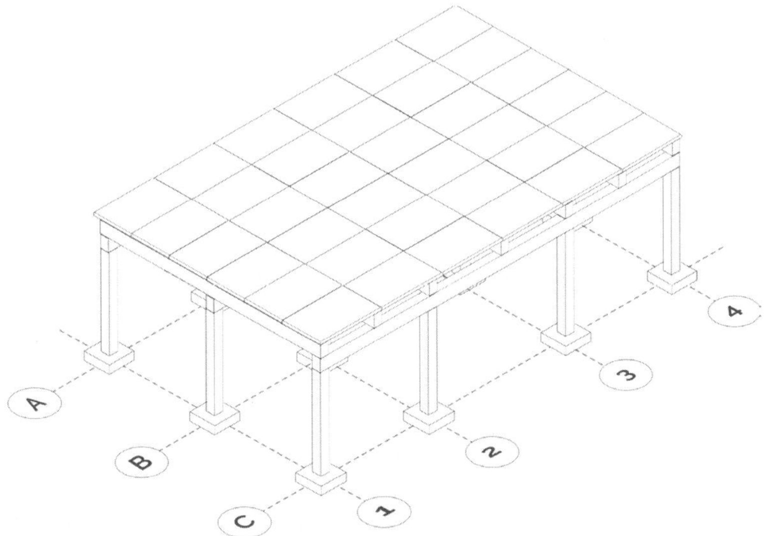

FIGURA 4.4
Perspectiva de estrutura modulada a partir de malha
Fonte: adaptada de Kolb (2008). Desenho: Inafuku (2022).

No caso dos projetos em madeira, é fundamental estabelecer uma coordenação modular, definindo-se uma malha estrutural ortogonal formada a partir de um módulo mínimo. Essa malha estrutural é especificada no eixo vertical (y) com números e no eixo horizontal (x) com letras, conforme ilustra a perspectiva na Figura 4.4 e a planta na Figura 4.5.

No Brasil, tendo em vista a padronização de chapas de madeira e contraplacados, o módulo base mais comum é 60 cm, com seus múltiplos (120 cm) e submúltiplos (30 cm).

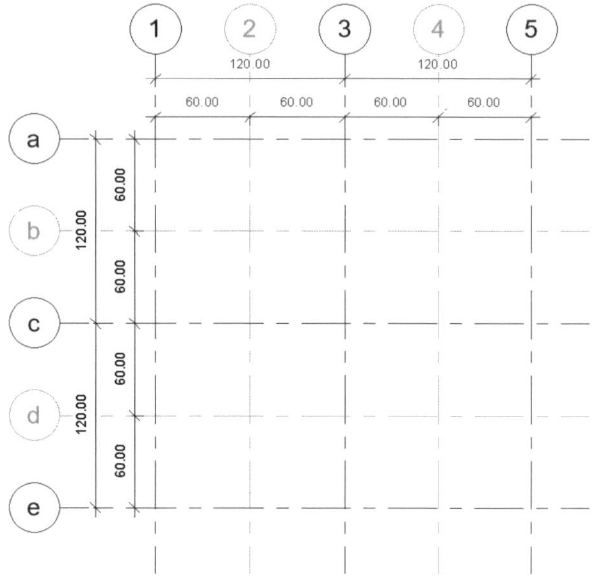

FIGURA 4.5
Modulação base de construção em madeira.
Fonte: adaptada de KOLB, 2008, p. 92.
Desenho: Inafuku (2022).

4.2 Processos de fabricação

Compreendida a articulação entre concepções estrutural, construtiva e arquitetônica, é fundamental conhecer os diferentes processos, métodos e técnicas de construção associados a cada um dos sistemas construtivos.

Distintos processos de fabricação podem ser adotados na construção com madeira, cuja diferenciação se dá pela quantidade de trabalho realizado na fábrica (que pode ser uma serraria, uma marcenaria, uma pequena fábrica e até grandes indústrias) e no canteiro de obras (JUNAC, 1984). Adotaremos a expressão em inglês *off site* para designar esse trabalho na fábrica, tendo em vista a disseminação do termo na construção civil tanto nacional quanto internacional; assim como utilizaremos a expressão *on site* para se referir ao trabalho em obra. É possível identificar, portanto, a existência de diferentes proporções de trabalho que ocorrem ora nos locais de fábricas ora no canteiro, de acordo com os sistemas construtivos ao longo da história e que coexistem contemporaneamente. Quanto maior a proporção de trabalho realizado na fábrica, maior o grau de pré-fabricação do sistema construtivo.

A pré-fabricação de componentes construtivos em madeira é difundida há bastante tempo, tendo em vista a menor complexidade de máquinas e de ferramentas necessárias, se comparadas a outros materiais, por exemplo, o aço. No canteiro de obras dos edifícios em madeira, a técnica de construção empregada, na maioria das vezes, é a montagem desses componentes, que são fixados entre si por diferentes tipos de conexão (prego, encaixe, parafuso, cola e conectores metálicos), como detalharemos posteriormente.

Os sistemas construtivos em madeira podem ser agrupados de acordo com as proporções de trabalho *on site* e *off site*, como pode ser observado na Figura 4.6, adaptada de JUNAC (1984).

No primeiro caso, referente aos sistemas construtivos vernaculares, a totalidade do trabalho é realizada no canteiro de obras, ou seja, as toras de madeira são desdobradas e cortadas nas dimensões dos componentes construtivos que, por sua vez, são montados também em obras.

O segundo diz respeito aos sistemas que utilizam serrarias ou pequenas unidades de fabricação para aparelhar as peças de madeira em suas seções transversais, daí a denominação "método aparelhado". No canteiro de obras, os componentes de madeira aparelhada são cortados nos comprimentos adequados (portanto, longitudinalmente) e são realizados os ajustes necessários para a conexão dos componentes entre si.

No terceiro método, o pré-cortado, as serrarias ou unidades de fabricação aparelham a madeira e cortam os componentes em todas as seções de projeto. No canteiro, há a montagem dos componentes que chegam prontos da unidade de fabricação. A proporção de trabalho *off site* é aproximadamente igual ao trabalho *on site*.

Os métodos subsequentes se referem aos sistemas construtivos pré-fabricados. No quarto, os componentes construtivos são produzidos em unidades de pré-fabricação com maior emprego de tecnologia e de máquinas (podendo ser até indústrias). Podem ser chamados de componentes bidimensionais (por exemplo, painel vertical estrutural, painel laje e treliça), ou de pré-fabricação em 2D. No canteiro, há a montagem desses componentes entre si. No quinto, há a pré-fabricação volumétrica, tridimensional (3D), de ambientes ou da unidade habitacional completa, existindo aqui a pré-fabricação total. No canteiro, esses ambientes ou a unidade são acoplados à fundação do edifício e a proporção do trabalho *on site* é mínima.

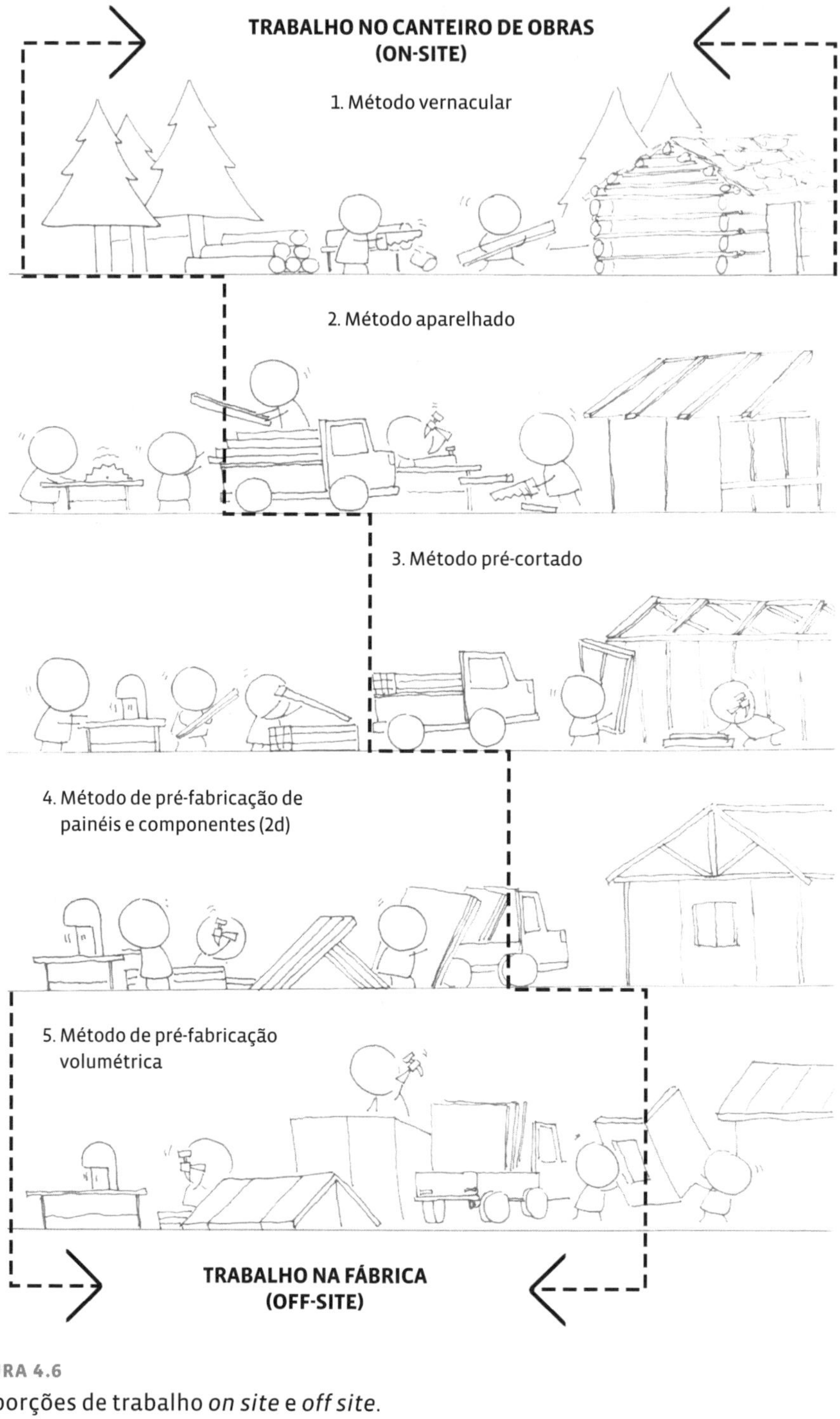

FIGURA 4.6

Proporções de trabalho *on site* e *off site*.

Fonte: adaptada de Junac (1984). Desenho: Inafuku (2022).

4.3 Princípios básicos para projeto em madeira

No âmbito da tectônica, a compatibilização entre sistemas construtivos, análise estrutural e modulação é fundamental para qualquer projeto arquitetônico, independentemente do material construtivo a ser adotado.

No caso da madeira, a elaboração do detalhamento construtivo ainda na fase da concepção arquitetônica é essencial para se garantir a durabilidade e a qualidade do edifício. Ou seja, a qualidade de uma construção em madeira é resultante de uma soma de detalhes. A durabilidade da edificação de madeira é diretamente proporcional ao tempo gasto na elaboração do projeto, no seu detalhamento, implicando também a menor quantidade de produtos químicos gastos na preservação.

Por ser um material natural, ela pode se deteriorar com mais facilidade caso não sejam atendidos alguns princípios e cuidados básicos de projeto. A Figura 4.7 ilustra os pontos mais críticos em relação ao início de deterioração em uma edificação em madeira de dois pavimentos.

Os princípios essenciais para se evitar a deterioração e garantir a durabilidade do edifício, listados a seguir (adaptados de INO, 1997), estão de acordo as etapas de projeto e de construção:

Concepção arquitetônica

- Na implantação, deve ser evitado o acúmulo de água ao redor da edificação por meio de nivelamento do terreno ou da especificação de drenagem superficial.
- Estabelecimento de uma coordenação modular em função dos materiais dos sistemas de vedação (sendo o mais usual múltiplos de 30 cm, mas também podem ser múltiplos de 20 cm). Normalmente, os vãos estruturais mais econômicos giram em torno de 3 a 4 m.
- Evitamento a ascensão por capilaridade de água e de umidade do solo, colocando-se a edificação distante do chão. É recomendável que as paredes externas ou pilares de madeira estejam distantes do nível do solo pelo menos 30 cm.
- Ventilação da madeira, garantindo a possibilidade de perder a umidade caso seja molhada. Ou seja, promover a ventilação dos componentes de madeira, principalmente daqueles expostos à ação de chuvas.
- Escoamento das águas pluviais por meio de sistema na coberetura, convenientemente projetado, não permitindo o acúmulo de água, lodo e outros detritos na saída do condutor vertical. É recomendável projetar beirais generosos na cobertura.

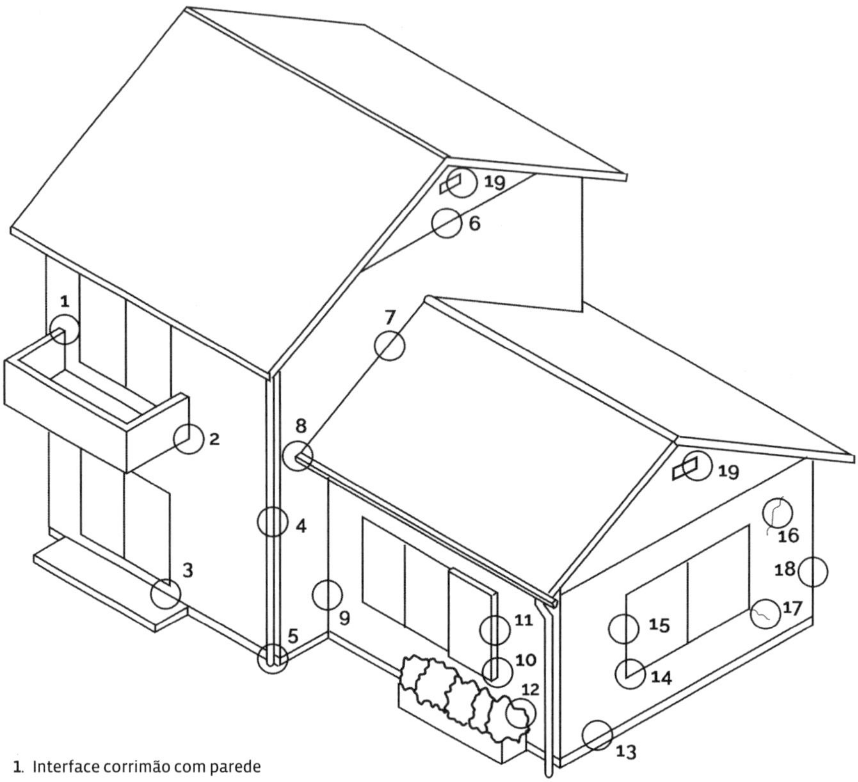

1. Interface corrimão com parede
2. Parte inferior da varanda
3. Soleira
4. Fixador metálico da tubulação de águas pluviais
5. Saída de águas pluviais
6. Transição frechal / parede
7. Interface da cobertura com parede externa
8. Interface final do beiral / parede externa
9. Interface parede / parede a 90°
10. Extremidade inferior da veneziana
11. Interface veneziana / parede
12. Interface jardineira / parede
13. Interface fundação / parede externa
14. Canto do peitoril da janela
15. Interface marco / batente / parede
16. Fissuras nas paredes, ponto de infiltração
17. Surgimento de fissuras junto das janelas
18. Quina das paredes externas
19. Abertura para ventilação

FIGURA 4.7

Indicação dos pontos críticos em relação à deterioração.

Fonte: adaptada de Centro de Tecnologia da Madeira (1982). Desenho: Inafuku (2022).

Detalhamento construtivo

- Propiciar o rápido escoamento da água por meio dos detalhes construtivos, para evitar acúmulo em juntas e rachaduras.
- Proteger todas e quaisquer extremidades (topo) e saliências devem estar protegidas.
- Tomar especial atenção na interface fundação/parede e fundação/estrutura, especificando sempre uma boa impermeabilização da fundação e adotando soluções com componentes de transição, podendo ser metálicos ou de madeira tratada com possibilidade de fácil substituição.
- Proteger com pingadeira as partes salientes em madeira nos planos verticais, na medida do possível.
- Prover um bom escoamento das águas de chuva, colocando pingadeiras, calhas e rufos na cobertura.
- Escolher acabamentos que mantenham a propriedade principal da madeira, a de ser um material higroscópico, ou seja, permitir que ela continue respirando. Por exemplo, adotar pintura do tipo *stain* ou ceras.
- Especificar o tratamento fungicida e inseticida nos locais expostos às intempéries e nos locais úmidos. Dependendo da região, mesmo nas partes secas, é recomendável proteger por meio de pincelamento com produto inseticida.

Obra e uso/manutenção

- A madeira deve ser utilizada sempre em condição seca, com umidade em equilíbrio com a umidade do ar (aproximadamente, 15% de umidade).
- As etapas construtivas devem ser planejadas de maneira que a madeira fique menor tempo exposta à ação de intempéries. Por exemplo, executar primeiro a estrutura e a cobertura para depois se iniciar as vedações.
- Caso seja necessário estocar a madeira no canteiro de obras, garantir ventilação e sombreamento dos componentes.
- Sempre que possível, introduzir a pré-fabricação dos componentes no processo construtivo, a fim de se obter maior controle de qualidade e a precisão necessária na usinagem e no processamento das peças de madeira, resultando, assim, num acabamento mais adequado.
- Conscientização dos usuários quanto aos cuidados que devem ser tomados durante a manutenção do edifício, principalmente em relação à limpeza (evitando-se o excesso de lavagem com água) e à execução de tratamento periódico (por meio de tratamento fungicida e inseticida e de pinturas do tipo *stain*).

Os Quadros 4.1 e 4.2 procuram ilustrar alguns desses princípios e recomendações, apresentando as medidas necessárias a serem tomadas em áreas críticas da edificação em madeira e seus respectivos detalhes construtivos.

QUADRO 4.1

RECOMENDAÇÕES E DETALHES CONSTRUTIVOS PARA PROJETO EM MADEIRA

Áreas críticas, medidas preventivas e possíveis detalhamentos construtivos

Peças de madeira em áreas úmidas, como cozinha e banheiros:
- Receber revestimentos impermeáveis ou pintura com tinta esmalte ou tinta a óleo;
- Cuidar, especialmente, das extremidades das peças.

Peças de telhados, próximas a rufos, calhas e telhas:
- Devem receber atenção especial no seu detalhamento e as peças que ficarão em contato direto com as telhas devem receber tratamento químico, além de facilitar sua substituição.

Interface do elemento estrutural com a fundação:
- Elevar o piso do solo;
- Utilizar conectores metálicos que impeçam o contato da madeira com o concreto, mantendo a extremidade do pilar ventilado.

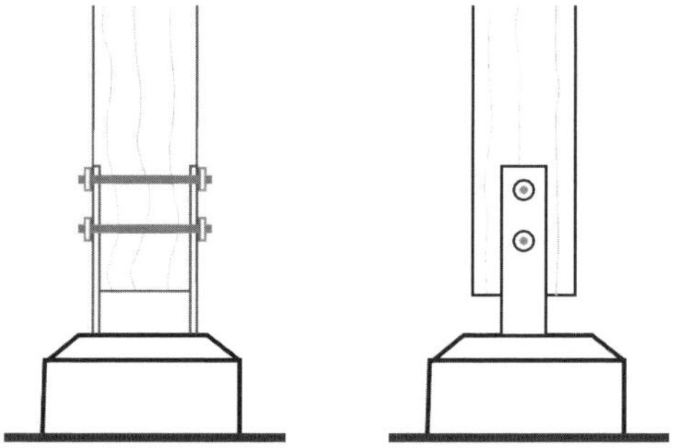

Detalhe: corte de um pilar de madeira com dispositivo metálico de interface com a fundação de concreto. Desenho: Inafuku (2022).

Sistemas hidráulicos fixados na madeira:
- É necessário propiciar acesso fácil às redes de água e de esgoto a fim de sanar vazamentos com rapidez;
- Não deixar a madeira em contato com a umidade, colocando uma interface de material impermeável ou afastando os dutos dos elementos construtivos.

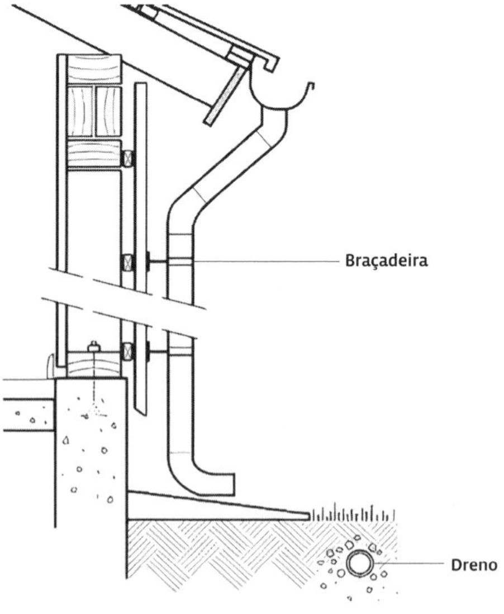

Detalhe: corte de um sistema de águas pluviais instalado distante da parede de madeira. Desenho: Inafuku (2022).

Áreas críticas, medidas preventivas e possíveis detalhamentos construtivos

Batentes de portas e janelas em contato com paredes úmidas:

- Impermeabilização;
- Emprego de espécies mais resistentes;
- Proteção de pintura a óleo.

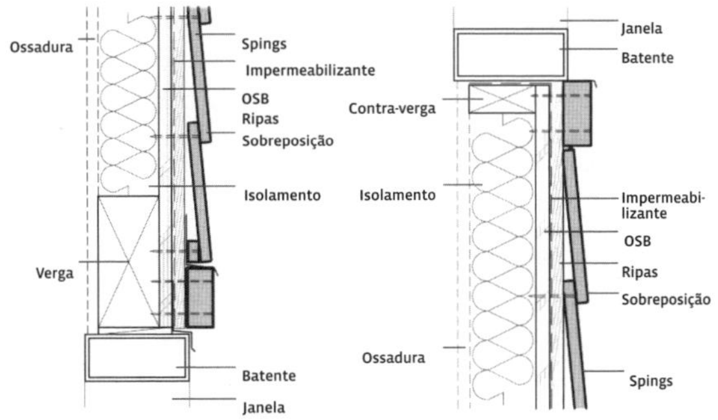

Detalhe: corte de uma parede mostrando a interface do batente com a parede. Desenho: Chiletto e Gomes (2022).

Proteção da extremidade das vigas expostas:

- Proteger por meio de rufos metálicos ou de corte em ângulo, reduzindo a sua exposição.

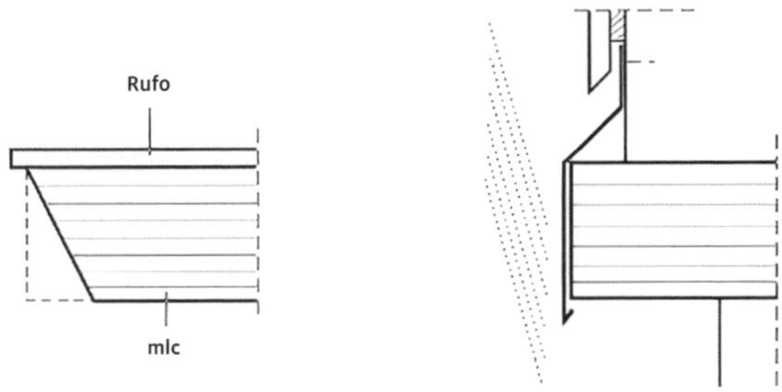

Detalhe: corte de extremidade (esquerda); proteção de topo com rufo metálico (direita).

Fonte: adaptada de Volz (2004, p. 61). Desenho: Inafuku (2022).

Tacos, assoalhos, assentados sobre pisos aos quais a água do solo tem acesso por capilaridade:

- Impermeabilização do contrapiso em argamassa;
- Utilização de sarrafos de fixação tratados com pintura impermeável, instalados sobre o contrapiso;
- Espaçamento da a última tábua do assoalho da parede, mantendo um espaço ventilado.

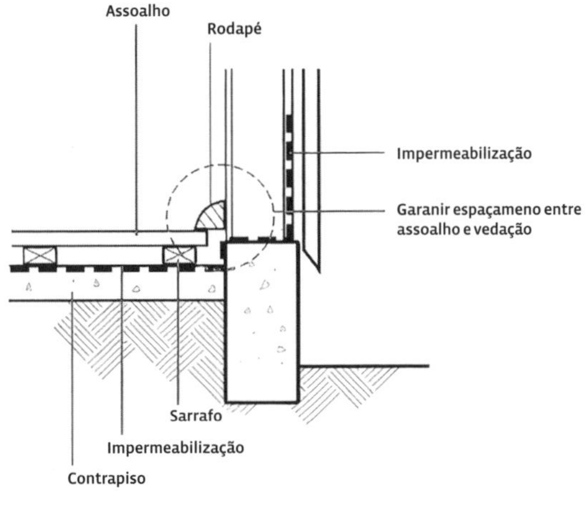

Detalhe: corte demonstrando cuidados para a instalação de piso. Desenho: Inafuku (2022).

Áreas críticas, medidas preventivas e possíveis detalhamentos construtivos

Revestimentos externos em relação ao solo:

- Distanciamento mínimo recomendado entre o último lambri e o solo é de 30 cm;
- O corte do topo inferior dos lambris deve ser em ângulo, formando pingadeira, permitindo o rápido escoamento da água e evitando o seu retorno;
- Utilização de pisos externos que ajudem a reduzir o respingo da água, como o cascalho.

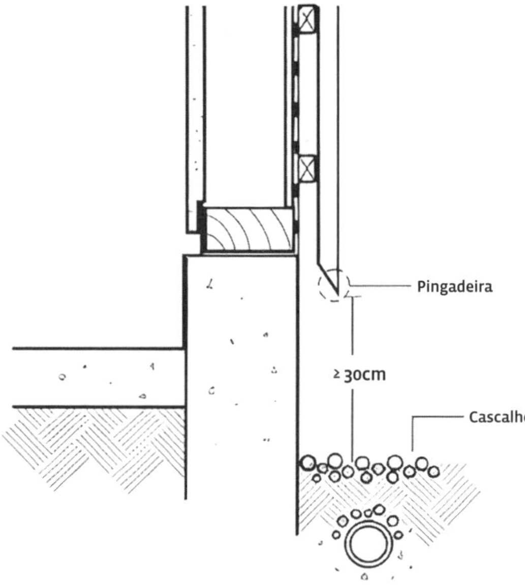

Detalhe: corte com condições ideais para instalação de revestimento externo.
Desenho: Inafuku (2022).

- Fendas, juntas e áreas ao redor de conectores como parafusos, pregos etc.
- Prever espaçadores que impeçam a permanência de água. Pode-se usar a borracha.

Os topos expostos das peças de madeira da cobertura (caibros, terças):

- Elaboração de detalhes construtivos para proteger essas extremidades que absorvem umidade com maior facilidade:
- Corte em ângulo reto das extremidades dos caibros,
- Colocação de peças que evitam a exposição direta das extremidades, ganhando-se maior rigidez do beiral.

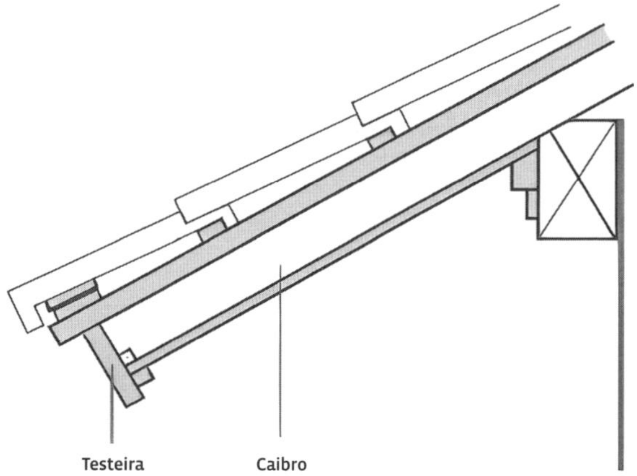

Detalhe: proteção dos caibros com o uso de tabeira.
Desenho: Inafuku (2022).

Fonte: adaptado de INO, 1997.

QUADRO 4.2

DETALHES CONSTRUTIVOS PARA FACHADAS EM MADEIRA

Descrição	Detalhe

O revestimento deve estar afastado da parede:

- As fachadas com câmara de ar facilitam a evaporação da água, reduzindo a variação dimensional das réguas de revestimento. Os sarrafos utilizados para fixação das réguas devem permitir a ventilação adequada da parede.

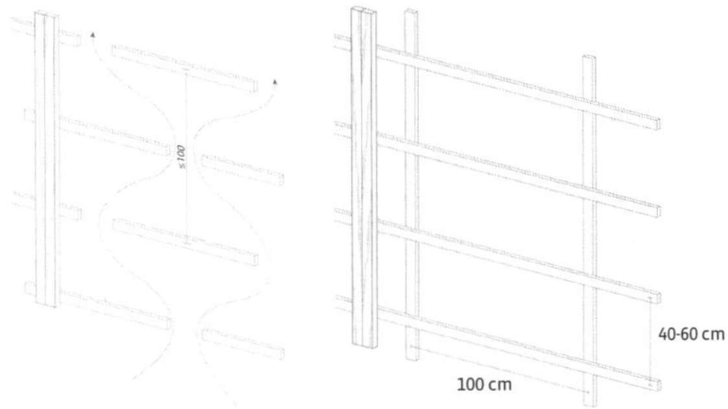

Detalhe: perspectiva com possibilidades de fixação dos sarrafos.

Juntas verticais:

- Para fachadas não tratadas, a largura da junta deve ser de pelo menos 1 cm. Para fachadas com tratamento superficial, bem como painéis à base de madeira com proteção superficial, a largura da junta deve corresponder, no mínimo, à espessura da peça, mas não inferior a 1 cm.

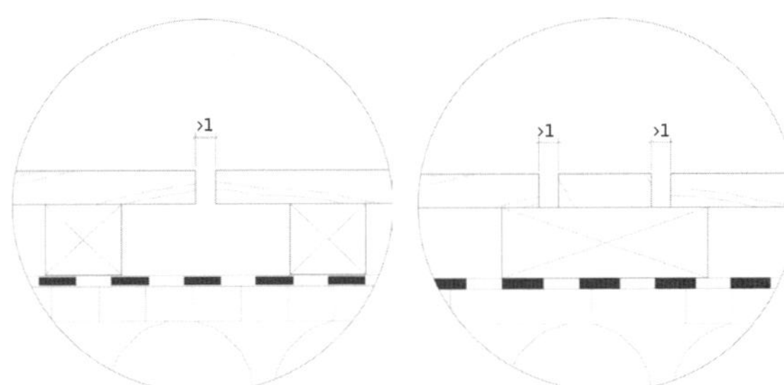

Detalhe: plantas de duas possibilidades de arranjo das juntas verticais.

Espaçamento e geometria de juntas horizontais:

- No caso de sobreposição, a borda inferior da peça sobreposta deve ser cortada em um ângulo de 15°. Para juntas abertas (≥ 1 cm), as arestas devem ser cortadas com um ângulo de 15°.

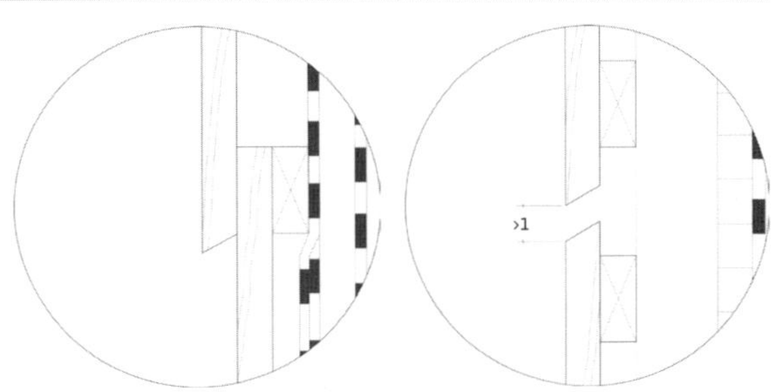

Detalhe: corte de duas possibilidades de arranjo das juntas horizontais.

Descrição	Detalhe

Interface entre juntas horizontais:

- A água pode escorrer apenas com larguras de juntas ≥ 1 cm. Uma pingadeira metálica deve ser fixada por trás do revestimento, subindo pelo menos 5 cm. No caso de pingadeira em madeira, esta deve ser uma peça resistente ao desgaste, com maior durabilidade natural, que possa ser trocada ao final de sua vida útil.

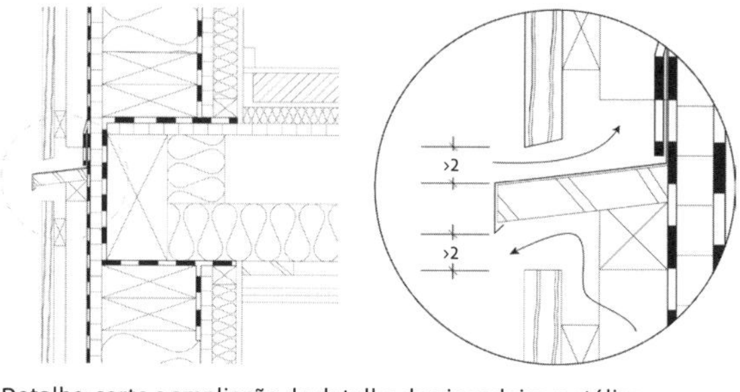

Detalhe: corte e ampliação do detalhe da pingadeira metálica protegida com rufo.

Juntas de canto com revestimento horizontal

- Para fachadas não tratadas a largura da junta deve ser de pelo menos 1 cm. Para fachadas com tratamento superficial, bem como painéis à base de madeira com proteção superficial, a largura da junta deve corresponder, no mínimo, à espessura da peça, mas não inferior a 1 cm.

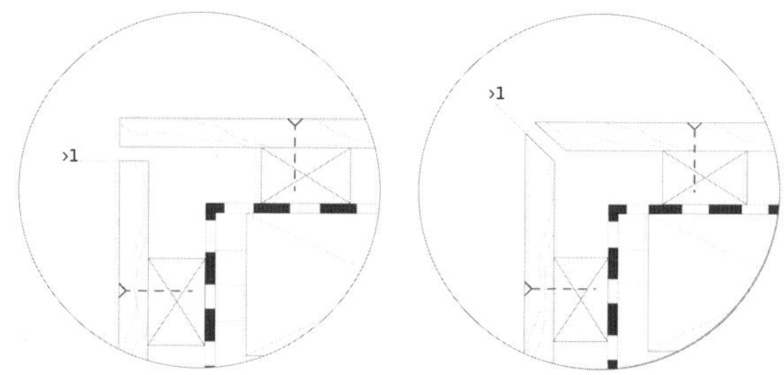

Detalhe: planta de duas possibilidades de encontro de canto.

Juntas de canto com revestimento vertical

- Somente pode-se abdicar das juntas de canto com espaçamento quando utilizado revestimento de tábuas verticais.

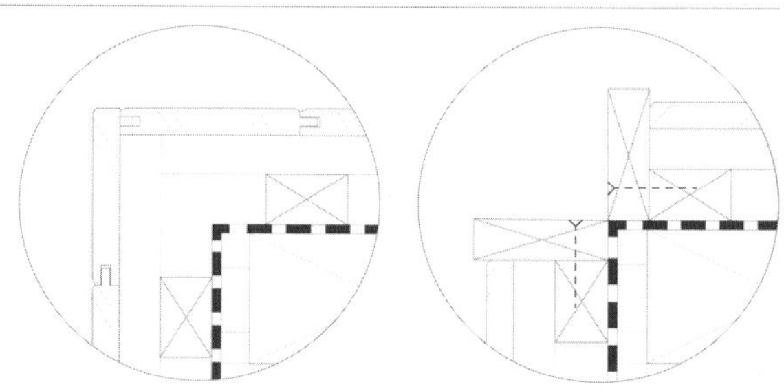

Detalhe: planta de duas possibilidades de encontro de canto com revestimento vertical.

Distanciamento entre piso e fachada

- Fundações sobressalentes podem provocar respingos ou acúmulo de água nessa região e causar danos ao revestimento. Deve-se garantir a drenagem adequada com o uso de pingadeira e a ventilação suficiente atrás da fachada por meio do afastamento entre os elementos.

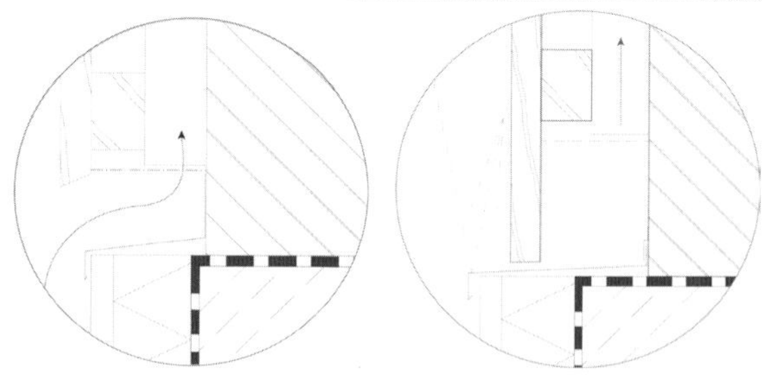

Detalhe: corte demonstrando o distanciamento e a proteção com o rufo. Em vermelho: não executar.

Descrição	Detalhe
Interface entre revestimento e telhado sem beiral: Um rufo evita infiltração de água na área de conexão entre fachada e telhado. No caso de revestimento de tábuas ou ripas abertas, deve-se executar uma camada posterior resistente a intempéries.	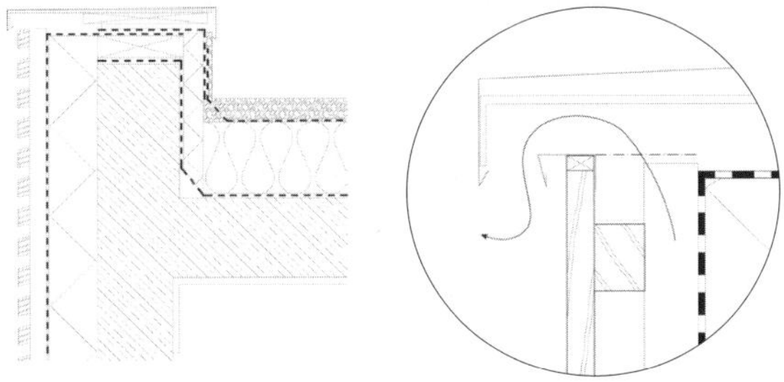 Detalhe: corte mostrando o rufo.

Fonte: adaptado de Aprilanti, Tavares e Ino (2019). Desenho: Carnizello Souza (2023).

Especial atenção deve ser dada ao revestimento externo em madeira para garantir o seu desempenho – durabilidade e aparência. O Quadro 4.3 mostra alguns detalhes construtivos a serem executados para tanto.

4.4 Sistemas construtivos

Formulamos uma organização dos tipos de construção em madeira com base em diferentes autores estrangeiros, entre os quais destacamos Deplazes (2005, suíço), Paricio (1996, catalão), Natterer, Herzog e Volz (1998, alemães), e fizemos a adaptação para o ensino de arquitetura e engenharia no Brasil.

Essa organização parte da primeira divisão dos sistemas estruturais, já mencionada, entre estruturas independentes e paredes estruturais, para depois apresentar cada um dos tipos de construção derivadas dessa divisão. Os quadros 4.3, 4.4 e 4.5 apresentam os tipos de construção sobre as quais tratamos nesta seção do livro.

QUADRO 4.3
ESTRUTURAS INDEPENDENTES E ARRANJOS ESTRUTURAIS

Princípio estrutural	Estrutura independente	
Sistema estrutural	Pilar-viga 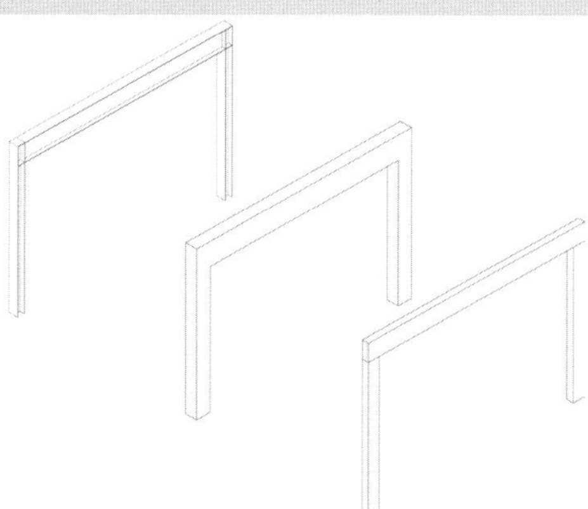	
Arranjo estrutural	Porticado 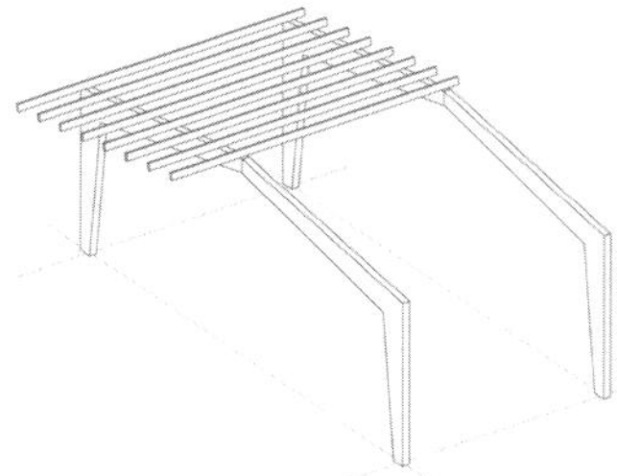	Reticulado 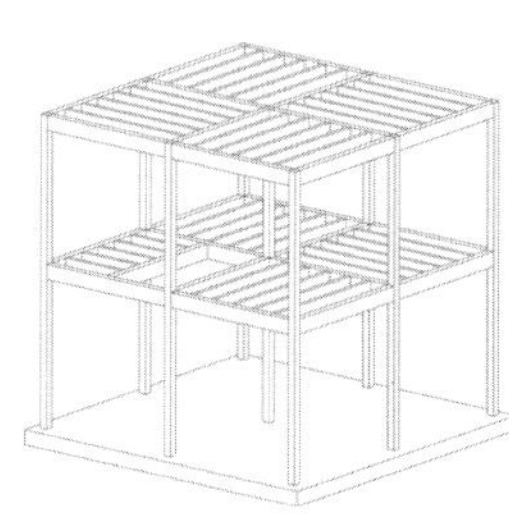

Fonte: adaptado de Ching (2010) e Deplazes (2005). Desenho: Santos (2022).

QUADRO 4.4

PAREDES ESTRUTURAIS E ARRANJOS ESTRUTURAIS – ENTRAMADO

Princípio estrutural	Parede estrutural	
Sistema estrutural	Entramado 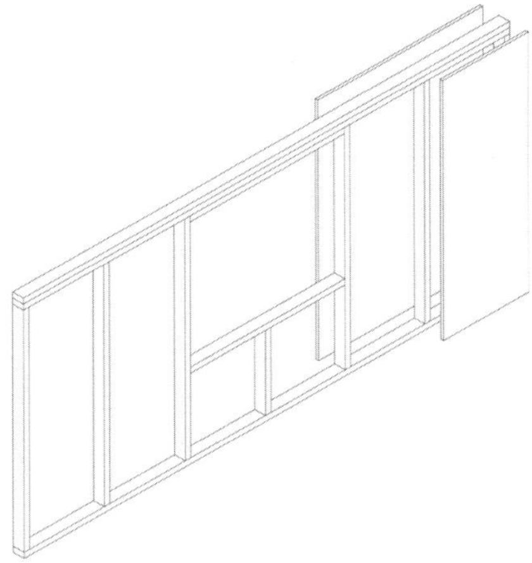	
Arranjo estrutural	Enxaimel 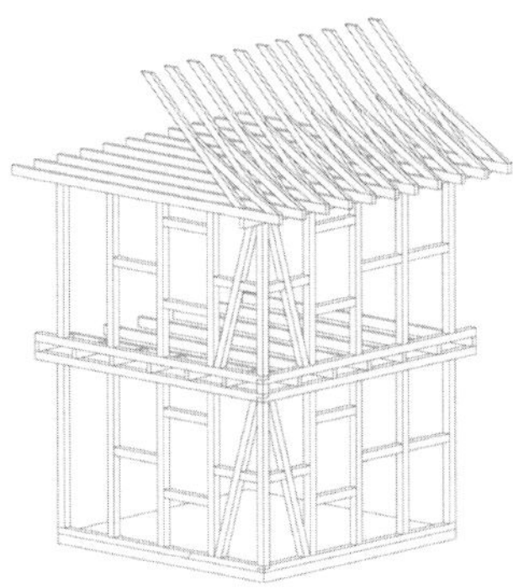	Balloon 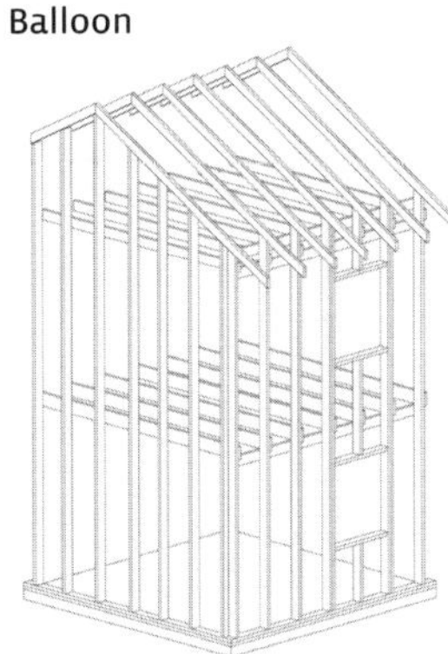
Arranjo estrutural	Plataforma 	Painel modular 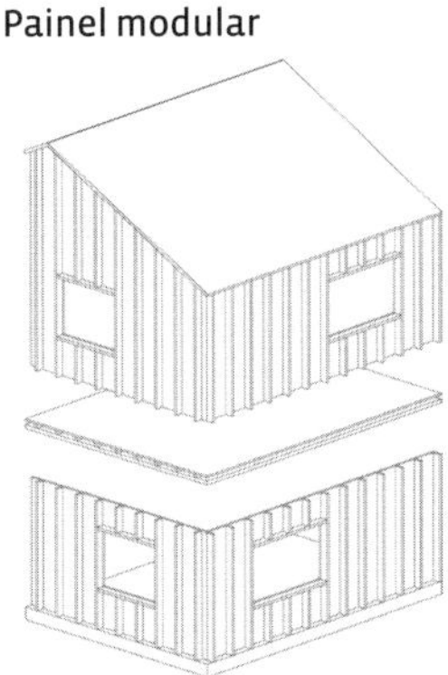

Fonte: adaptado de Ching (2010) e Deplazes (2005). Desenho: Santos (2022).

QUADRO 4.5

PAREDES ESTRUTURAIS E ARRANJOS ESTRUTURAIS – MACIÇO

Princípio estrutural	Parede estrutural	
Sistema estrutural	Maciço 	
Arranjo estrutural	Roliço 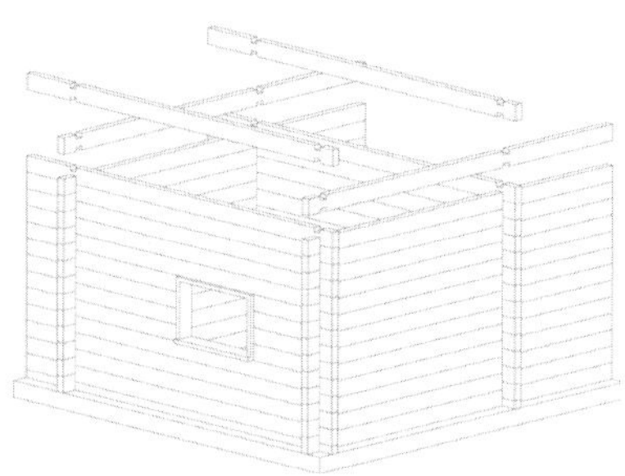	CLT 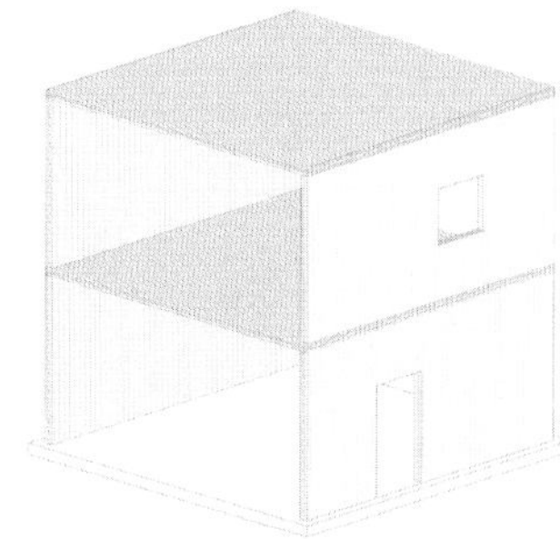

Fonte: adaptado de Ching (2010) e Deplazes (2005). Desenho: Santos (2022).

Na família das estruturas independentes, há um sistema estrutural principal, pilar-viga, do qual se derivam dois arranjos estruturais que serão aqui denominados porticado e reticulado. Em ambos, podem ser adotados distintos graus de pré-fabricação dos componentes e há uma diversidade de princípios de composição dos componentes estruturais e de conexão entre eles.

Na família das paredes estruturais, há dois sistemas estruturais principais: entramado e maciço. No sistema entramado, há pequenos componentes (como os montantes, que apresentam dimensões menores do que os pilares das estruturas independentes) que são distribuídos com maior frequência, com pequeno espaçamento entre eles. Apresentaremos os sistemas construtivos históricos (por exemplo, enxaimel, trama e *balloon frame*) e os sistemas que apresentam um grau mais elevado de pré-fabricação de componentes (como é o caso dos sistemas plataforma e dos painéis modulares). Já as paredes maciças são compostas por lamelas de madeira colada cruzadas que vão formar placas maciças pré-fabricadas (adotaremos aqui o termo em inglês *cross-laminated timber*, CLT) ou por componentes de madeira roliça (em inglês, *log*).

Descrevemos a seguir cada uma dessas formas de construção em madeira, de modo a destacar seus princípios estruturais, e seus principais componentes, conexões e métodos construtivos. Também são apresentados exemplos de projetos construídos de cada um deles no Brasil. Antes, porém, tecemos breves comentários sobre os graus de pré-fabricação de sistemas construtivos em madeira.

4.4.1. Pilar-viga

Este sistema é formado por componentes lineares rígidos, denominados pilares e vigas, que podem ser arranjados em estruturas porticadas ou estruturas reticuladas. Pilares e vigas constituem os componentes estruturais primários (principais). Esses componentes recebem as cargas dos componentes estruturais secundários (terças ou vigas secundárias na cobertura e barrotes no piso) e as transferem para a fundação. Também é necessário utilizar componentes que respondam aos esforços horizontais (principalmente resultante da ação dos ventos), que correspondem aos contraventamentos (horizontais e verticais). A Figura 4.8 apresenta esses componentes.

Como a estrutura é independente da vedação, são necessários outros componentes ou materiais construtivos para vedar o edifício, requisitando-se, portanto, sistemas de vedação, que podem ser compostos por painéis de madeira, por alvenaria ou por outros materiais.

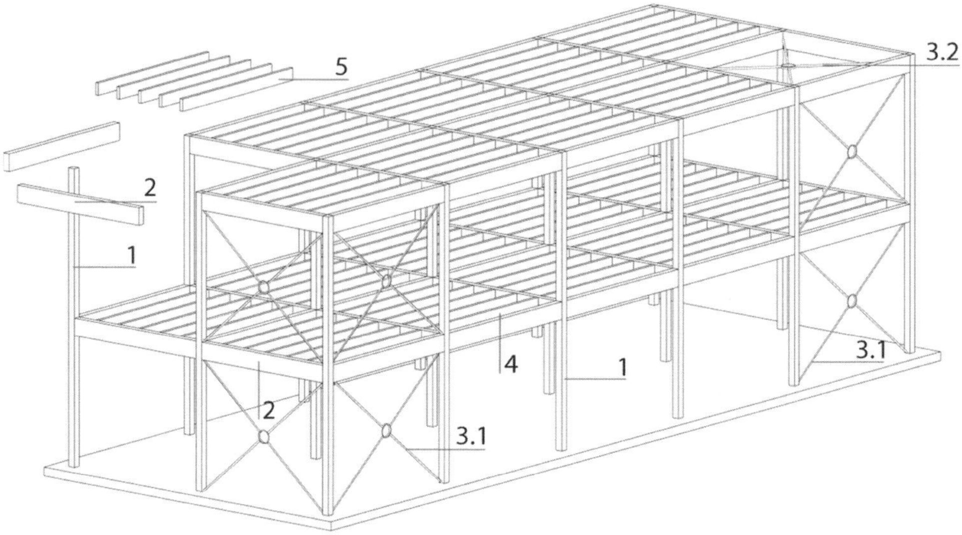

1. Pilar
2. Vigas principais
3.1 Contraventamento vertical
3.2 Contraventamento horizontal
4. Vigas secundárias de piso (barrotes)
5. Vigas secundárias de cobertura (terças)

FIGURA 4.8
Isométrica pilar e viga.
Fonte: Kolb (2008). Desenho: Santos (2022).

O Quadro 4.6 apresenta os componentes, a análise estrutural e a utilização dos dois principais arranjos estruturais do sistema pilar-viga.

Em ambos os arranjos estruturais, é possível compor os componentes estruturais (principais e secundários) seguindo diferentes princípios. Os Quadros 4.7 a 4.10 apresentam quatro princípios de composição de componentes estruturais com seus respectivos detalhes, de acordo com Natterer, Herzog e Volz (1994).

É possível pré-dimensionar as vigas principais de acordo com o sistema estático e o tipo de estrutura. O Quadro 4.11 apresenta os vãos usuais, a inclinação adequada e a altura máxima da estrutura de acordo com os tipos estruturais.

QUADRO 4.6
ESPECIFICAÇÕES DE ESTRUTURA PORTICADA E RETICULADA

Sistema estrutural	Estrutura porticada	Estrutura reticulada
Exemplo	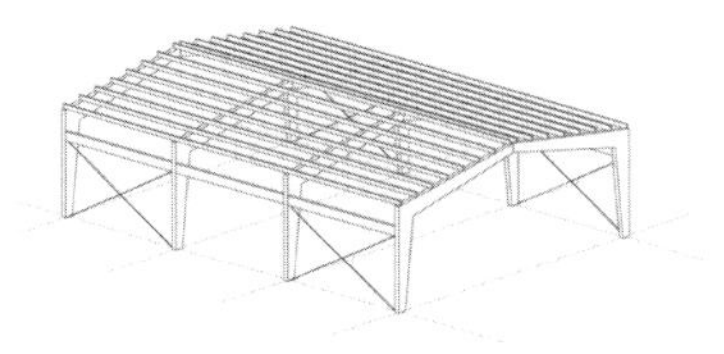	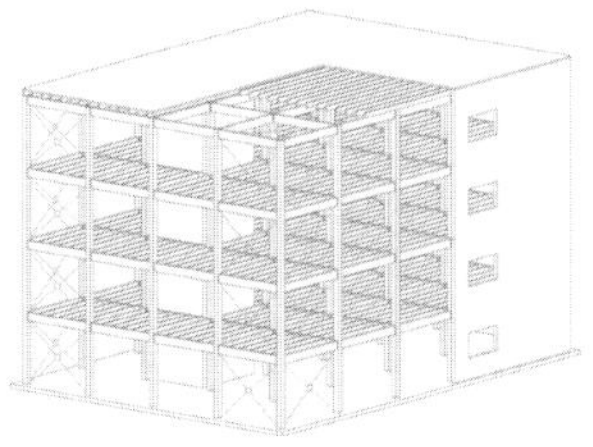
Componentes	Pilares, vigas principais (treliça, MLC, madeira serrada) e vigas secundárias (terças).	Pilares e vigas principais (treliça, MLC, madeira serrada), vigas secundárias (terças e barrotes) ou painéis piso e painéis cobertura (laje), escadas, poços de elevador etc.
Análise estrutural	Apoios articulados; viga simplesmente apoiada nos pilares com dispositivos metálicos.	Apoios articulados; viga simplesmente apoiada nos pilares com dispositivos metálicos.
Contraventamento	As ações horizontais são distribuídas para os pilares pela ação de diafragma na cobertura e pelas vedações. O contraventamento em X (aço ou madeira) são elementos necessários para garantir a estabilidade nos planos verticais e horizontais.	Para construções com até 3 ou 4 pavimentos, a estabilidade horizontal pode ser facilmente conseguida pelo efeito do balanço dos pilares. Para múltiplos pavimentos, utilizar sistemas de contraventamento, por meio de caixas de escadas, poços de elevadores e contraventamento em X (aço ou madeira).
Utilização	Edifícios de até 1 pavimento. Indústrias, armazéns, galpões, ginásios.	Edifícios de múltiplos pavimentos. Residências, comércio, escritórios, apartamentos, escolas etc.

Fonte: Kolb (2008). Desenho: Santos (2022).

QUADRO 4.7
ARRANJOS ESTRUTURAIS DE VIGAS PRINCIPAIS E SECUNDÁRIAS – 1 PAVIMENTO

Princípio	**Pilares e vigas simples contínuas**
Ilustração	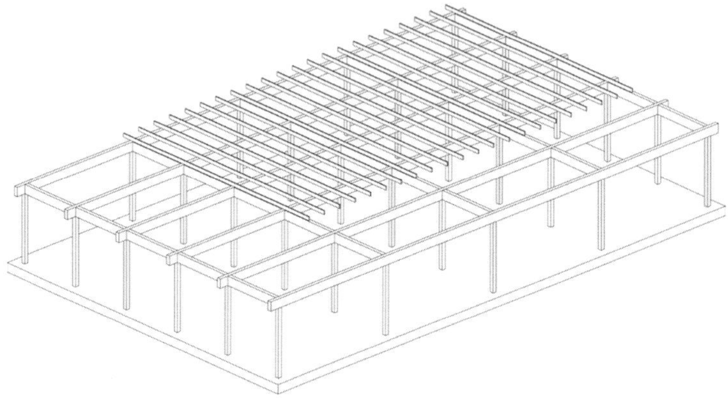
Componentes e apoios	Vigas principais apoiadas sobre pilares. Vigas secundárias de cobertura apoiadas sobre vigas principais. Viga secundária de travamento fixada de topo nas vigas principais.
Encontro entre vigas principais, secundárias e pilares	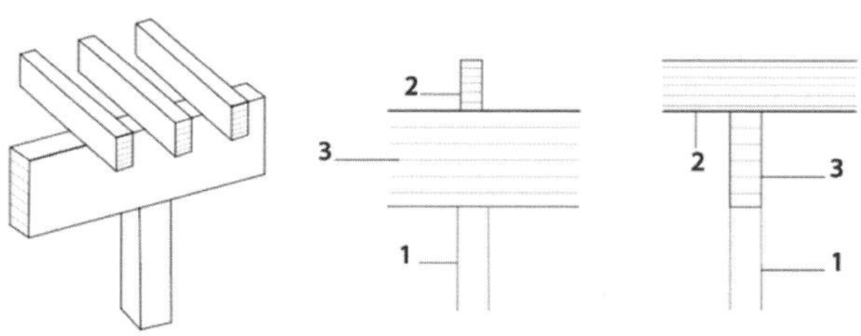 1. Pilar 2. Viga secundária 3. Viga primária
	Conexão simples por sobreposição de componentes e uso de conectores metálicos para ligações de topo.
Uso principal	Edifícios com 1 pavimento.

Fonte: adaptado de Herzog *et al.* (2003). Desenho: Santos e Souza (2022)

QUADRO 4.8

ARRANJOS ESTRUTURAIS DE VIGAS PRINCIPAIS E SECUNDÁRIAS CONTÍNUAS E DUPLAS

Princípio	**Pilares, vigas principais e secundárias contínuas; vigas principais e secundárias duplas**
Ilustração	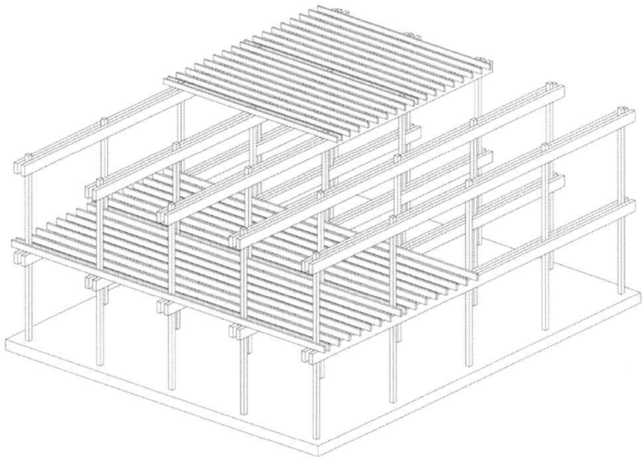
Componentes e apoios	Vigas principais fixadas lateralmente no pilar. Vigas secundárias apoiadas sobre vigas principais.
Encontro entre vigas principais, secundárias e os pilares	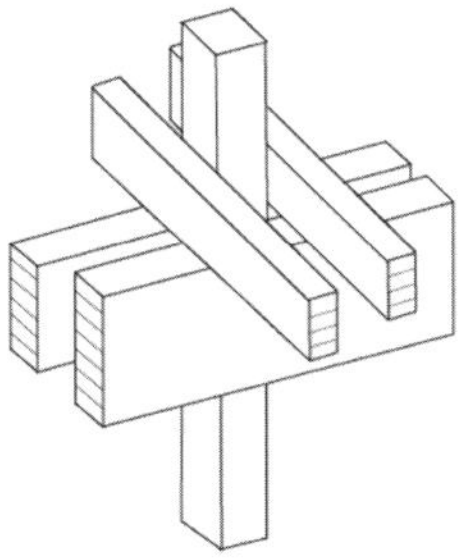 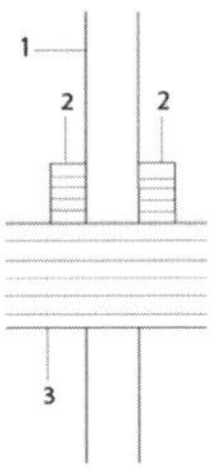 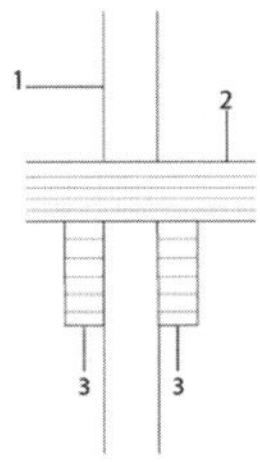 1. Pilar 2. Viga secundária 3. Viga primária Vigas principais e secundárias duplas. Conexão entre viga principal e pilar por sobreposição.
Uso principal	Edifícios com 2 ou mais pavimentos.

Fonte: adaptado de Herzog et al. (2003). Desenho: Santos e Souza (2022).

QUADRO 4.9
ARRANJOS ESTRUTURAIS DE PILARES, VIGAS PRINCIPAIS E SECUNDÁRIAS CONTÍNUAS

Princípio	Pilares, vigas principais e secundárias contínuas; pilares simples e vigas secundárias duplas
Ilustração	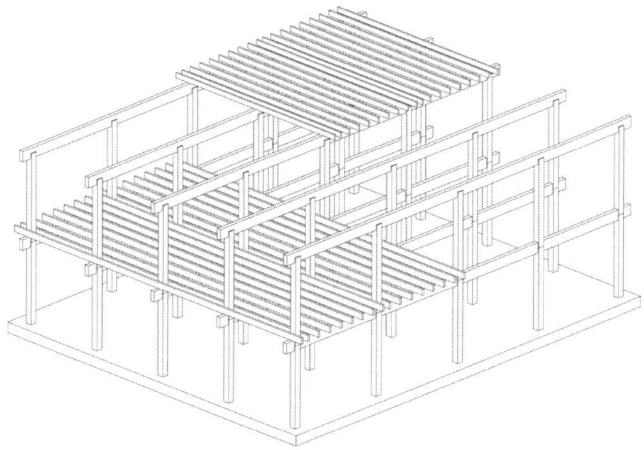
Componentes e apoios	Vigas principais, apoiadas e abraçadas pelo pilar simples. Vigas secundárias apoiadas sobre vigas principais simples. Pilares simples.
Encontro entre vigas principais, secundárias e os pilares	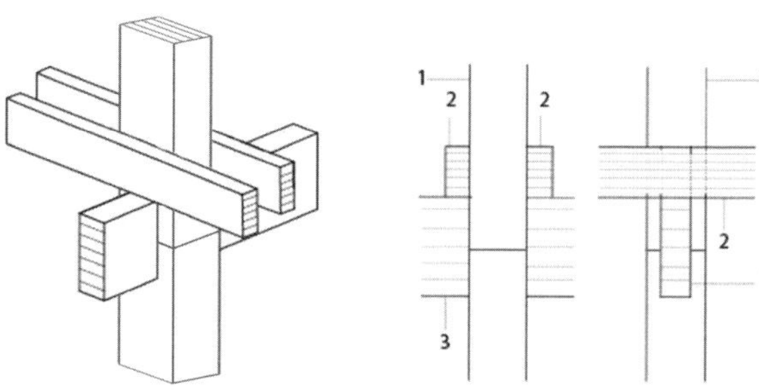 1. Pilar 2. Viga secundária 3. Viga primária Vigas secundárias duplas apoiadas na viga principal simples. Conexão entre viga principal e pilar mais complexa.
Uso principal	Edifícios com 2 ou mais pavimentos. Pilar simples abraça a viga principal simples.

Fonte: adaptado de Herzog et al. (2003). Desenho: Santos e Souza (2022).

QUADRO 4.10

ARRANJOS ESTRUTURAIS DE PILARES, VIGAS PRINCIPAIS E SECUNDÁRIAS COPLANARES

Princípio	Pilares contínuos, vigas principais e secundárias no mesmo plano
Ilustração	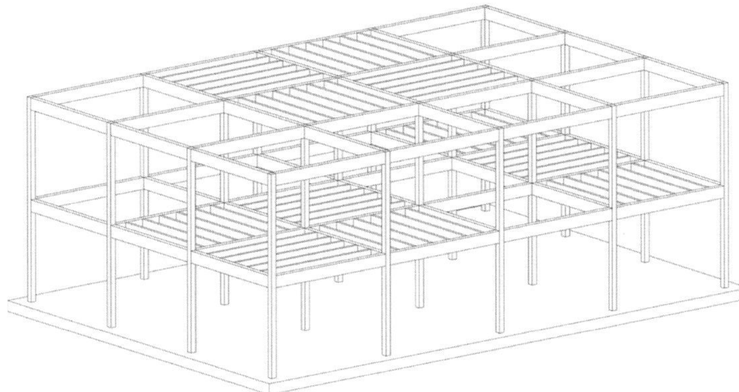
Componentes e apoios	Extremidade da viga principal fixada de topo no pilar. Extremidade da viga secundária fixada de topo na viga principal.
Encontro entre vigas principais, secundárias e os pilares	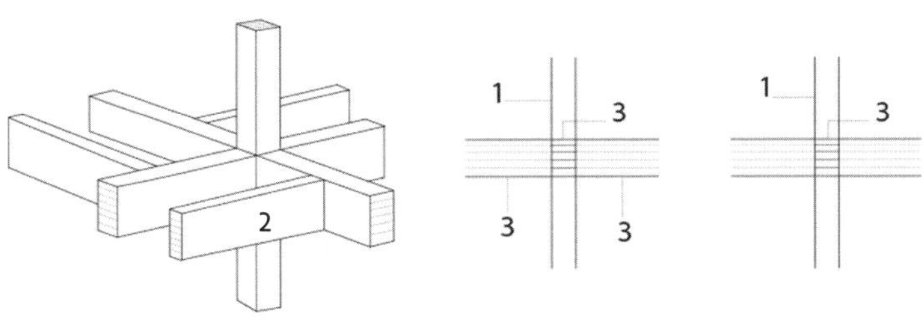 1. Pilar 2. Viga secundária 3. Viga primária
	Viga principal, viga secundária e pilar em peça simples. Conexão mais complexa.
Uso principal	Edifícios com 2 ou mais pavimentos.

Fonte: adaptado de Herzog et al. (2003). Desenho: Santos e Souza (2022).

QUADRO 4.11

REFERÊNCIA PARA PRÉ-DIMENSIONAMENTO DE VIGAS EM MADEIRA

Sistema estático	Tipo de estrutura	Inclinação adequada (°)	Vãos usuais (m)	Altura máxima da estrutura
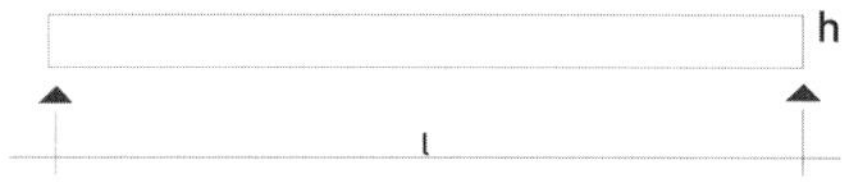	Viga reta de seção uniforme, simplesmente apoiada.	0	10-30	$h \simeq l/17$
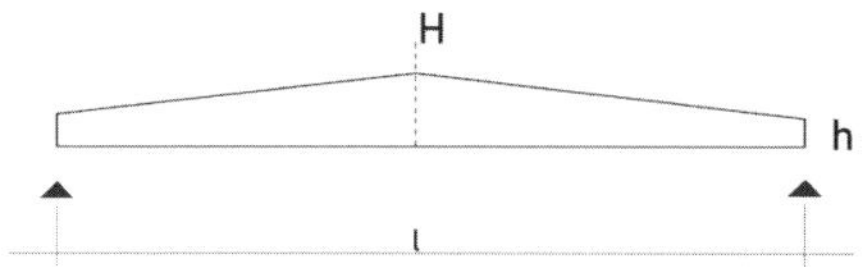	Viga de seção variada, simplesmente apoiada.	3-15	10-30	$H \sim l/16$ - $h \simeq l/30$
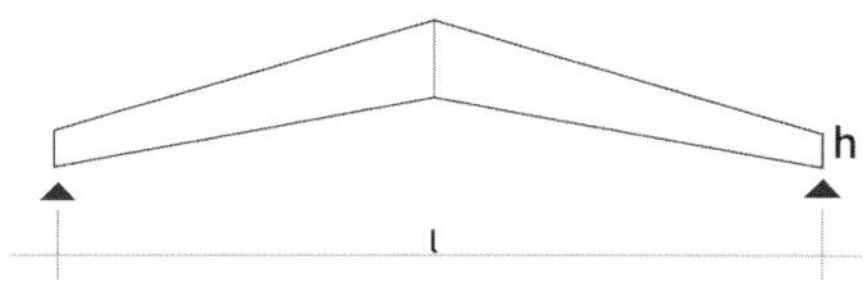	Viga sob a forma de tesoura, simplesmente apoiada.	13-15	10-30	$H \sim l/16$ - $h \simeq l/30$
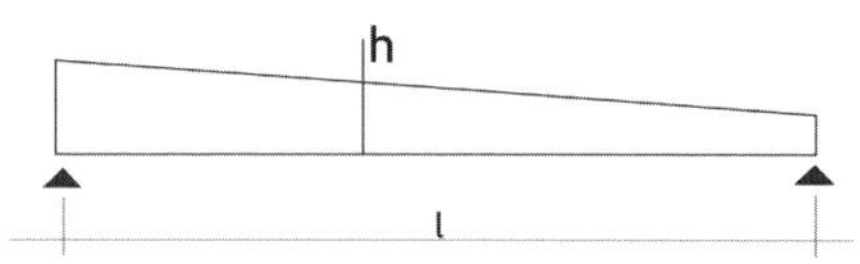	Viga de seção variável, simplesmente apoiada.	0	10-30	$h \simeq l/17$
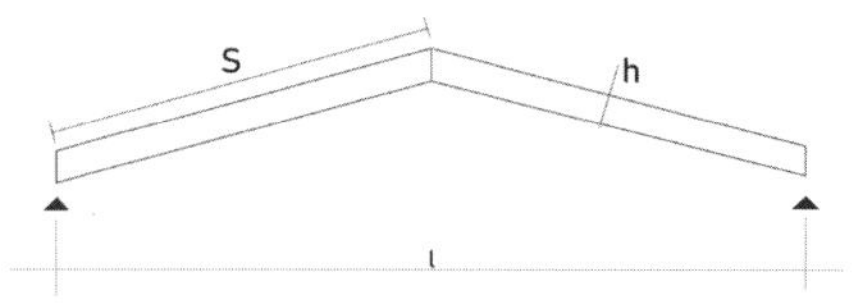	Viga sob a forma de tesoura, de seção uniforme, simplesmente apoiada.	>12	15-30	$h \simeq S/20$
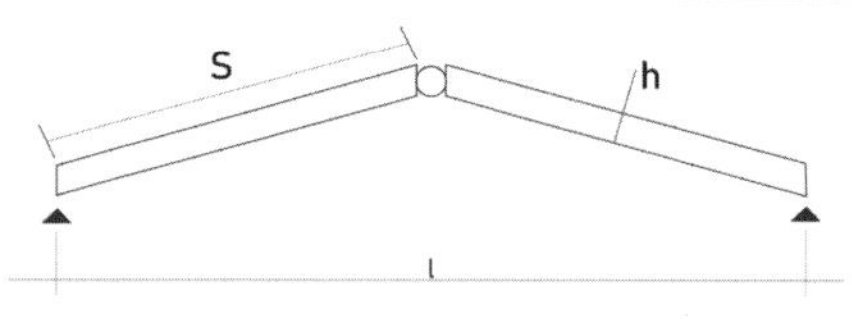	Viga sob a forma de tesoura, triarticulada.	>12	20-50	$h \simeq S/18$
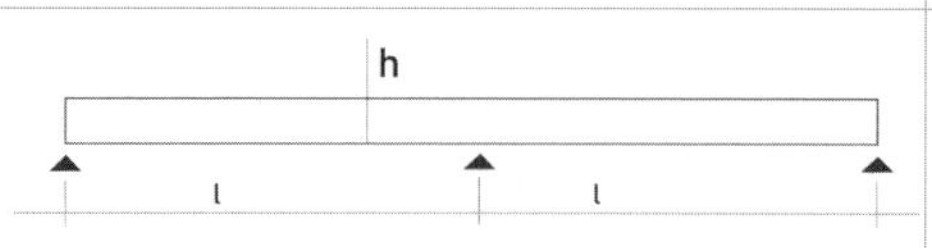	Viga contínua de seção uniforme.	0	10-25	$h \simeq l/20$

Sistema estático	Tipo de estrutura	Inclinação adequada (°)	Vãos usuais (m)	Altura máxima da estrutura
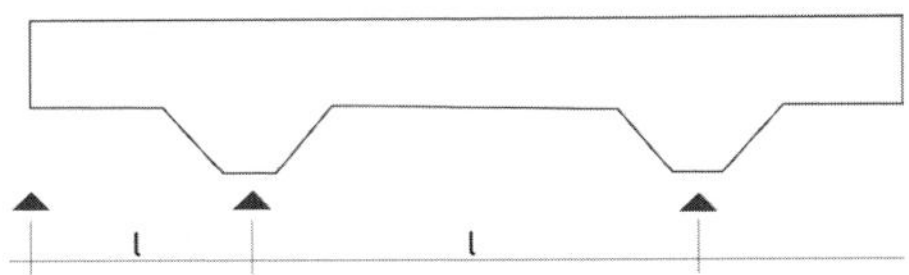	Viga contínua com aumento de seção nos apoios centrais.	0	10-25	h≃l/20 h≃l/22
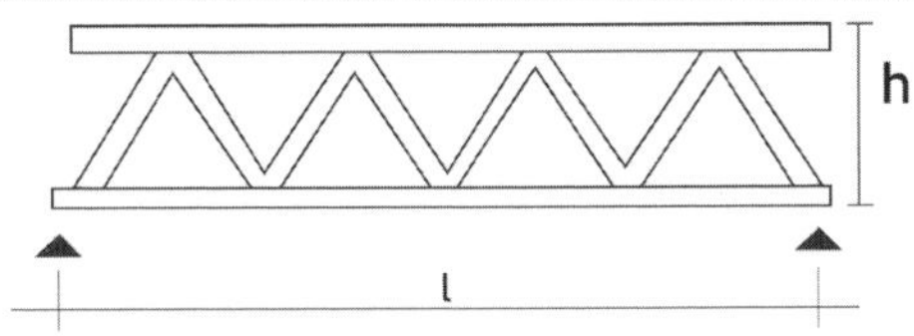	Viga treliçada de altura constante, simplesmente apoiada.	0	30-60	h≃l/13
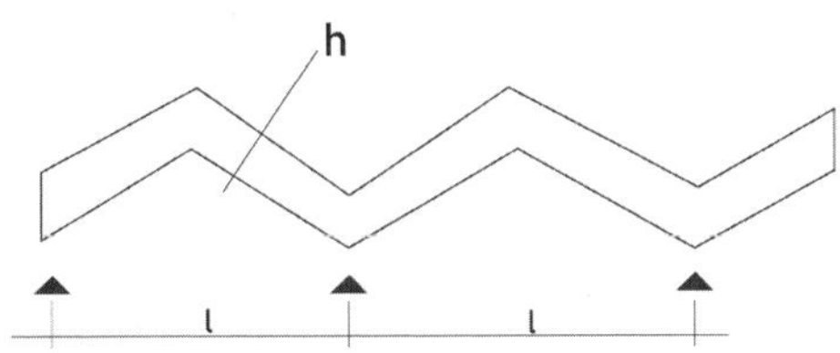	Viga sob forma de tesoura contínua, de seção constante.	0	10-25	h≃l/20
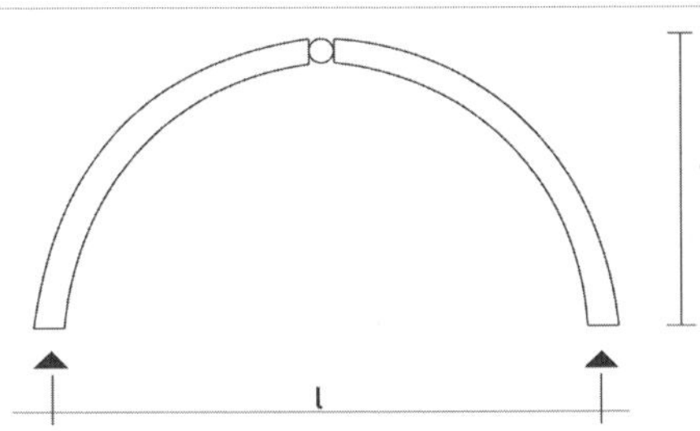	Arco biarticulado.	f=0,315xl	20-60	h≃l/50
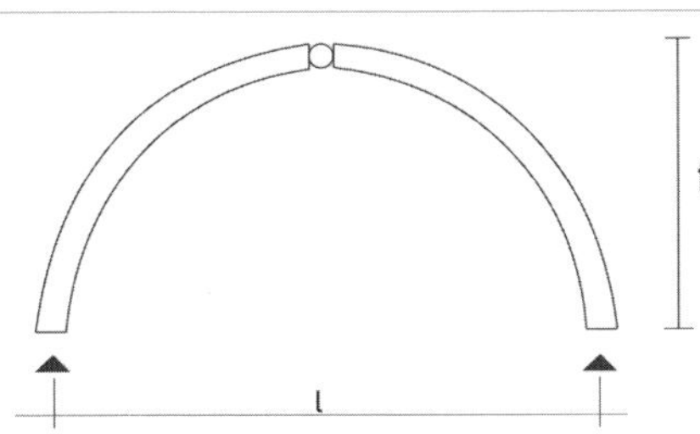	Arco triarticulado.	f=0,315xl	20-100	h≃l/50

Sistema estático	Tipo de estrutura	Inclinação adequada (°)	Vãos usuais (m)	Altura máxima da estrutura
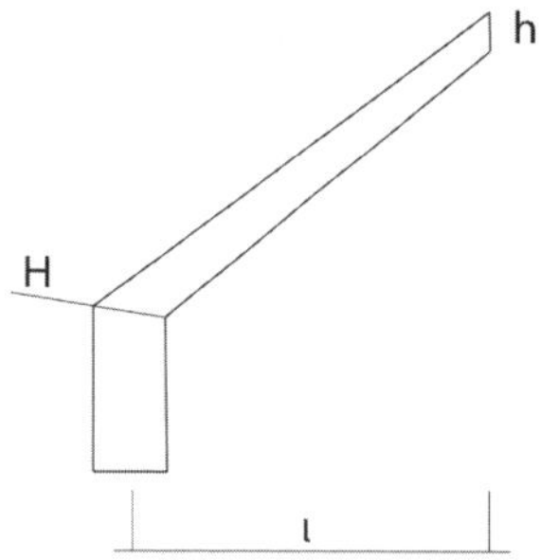	Pórtico simples.	0-10	5-15	H≃l/10 h≃l/66
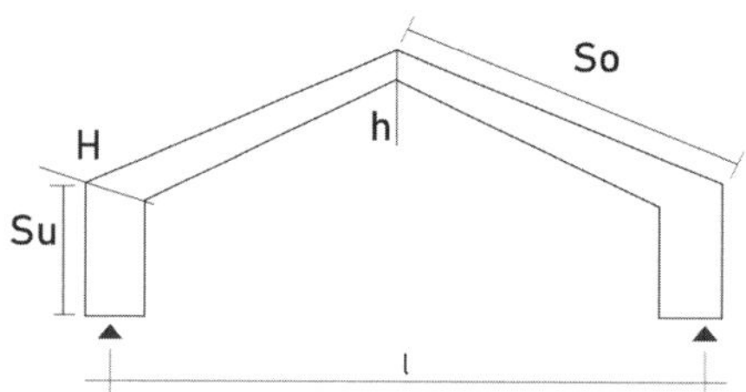	Pórtico biarticulado.	0-60	15-60	H≃1/25 (So+Su) h≃l/66
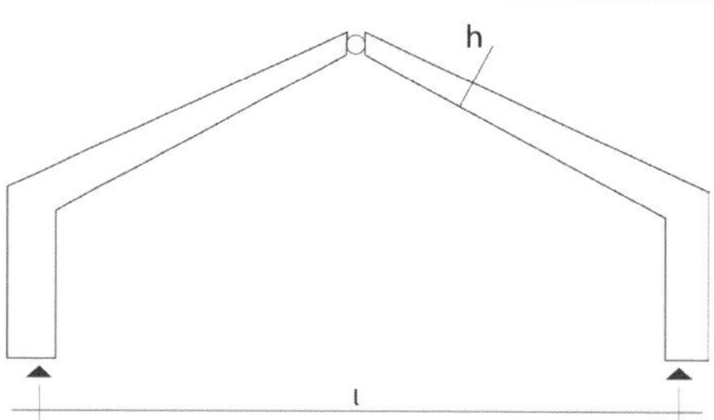	Pórtico triarticulado.	0	15-30	h≃l/25
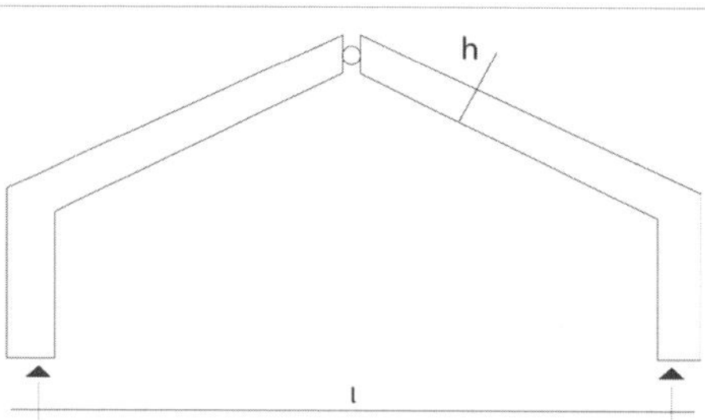	Pórtico triarticulado de seção uniforme.	0	15-30	h≃l/23

Fonte: Perez Galaz, 1979, *apud* BONO, 1996. Desenhos: Souza (2022).

4.4.2 Entramado

Dentro do grupo denominado paredes estruturais, com base na transmissão de cargas adotada na seção 4.1.2, dividimos em dois tipos de construção o entramado (Quadro 4.4) e a parede maciça (Quadro 4.5). O entramado é formado por componentes de madeira serrada de pequenas dimensões dispostas a curto espaçamento entre eles, conectados por pregos, parafusos, encaixes ou conectores metálicos.

As principais diferenças entre os seus tipos de construção dizem respeito ao método construtivo (desde o tradicional até a pré-fabricação total de componentes) e às dimensões, aos arranjos estruturais e aos espaçamentos entre os seus componentes.

Apresentaremos quatro tipos de construção, desde os mais tradicionais e históricos (como o enxaimel e o *ballon frame*) até os mais contemporâneos (plataforma e painéis).

4.4.2.1. Enxaimel

O enxaimel (ou *timber-frame*) é um tradicional sistema construtivo em madeira que tem suas origens na região da Europa central, no século XV, e apresenta uma diversidade de composições, dependendo da tradição cultural local (WEIMER, 1983, p. 44). Na maioria das construções históricas em enxaimel, o reticulado em madeira é aparente, sendo o preenchimento da vedação feito com terra, taipa de mão ou tijolos de argila (KOLB, 2008; DEPLAZES, 2005). Atualmente, é rara a utilização desse tipo de construção e, quando utilizada, na maioria das vezes, o preenchimento é feito com materiais isolantes térmicos e impermeáveis.

O princípio básico é utilizar pequenos módulos entre os componentes verticais (montantes), horizontais (travessas) e diagonais (contraventamento). Sua característica de destaque é que as diagonais encontram-se no mesmo plano da parede. O dimensionamento da modulação se dá em função das seções transversais dos componentes em madeira (DEPLAZES, 2005).

Os mais importantes princípios de construção e seus componentes estão descritos a seguir (KOLB, 2008):

- O reticulado estrutural pode ser revestido interna e externamente, mas, tradicionalmente, permanece aparente no lado externo.
- O método de montagem *on site* é andar por andar, caracterizado por técnicas artesanais.
- As conexões são feitas por encaixes.
- São utilizadas seções robustas, em geral, com seção quadrada.

Os principais componentes estão ilustrados na Figura 4.9.

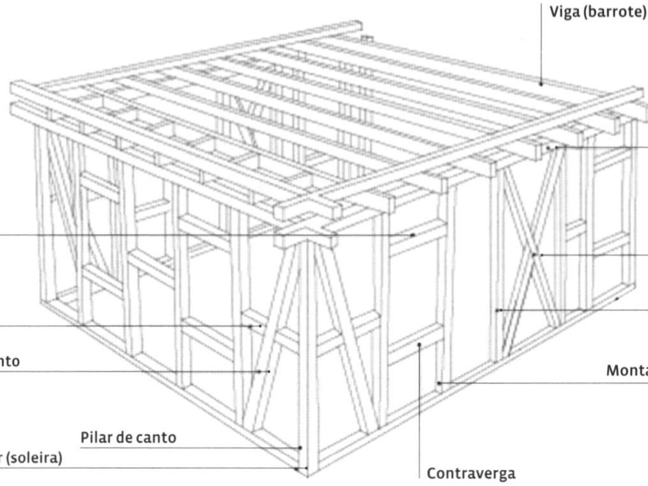

FIGURA 4.9
Componentes do sistema enxaimel
Fonte: adaptada de Kolb (2008). Desenho: Souza (2022).

4.4.2.2. *Balloon Frame*

O *balloon frame* é um sistema construtivo em madeira com ampla utilização na cultura construtiva dos Estados Unidos da América, tendo sua origem por volta da metade do século XIX. A sua difusão se dá justamente pelo desenvolvimento das máquinas a vapor, que possibilitaram a produção em massa de peças metálicas como o prego e madeira serrada com bitolas padronizadas (KOLB, 2008, p. 59).

Ele consiste na disposição de montantes e travessas que são pregados entre si. Os montantes normalmente apresentam seções de aproximadamente 5 x 20 cm ou 5 x 10 cm (mais conhecidas pela dimensão em polegada, 2"x 8" ou 2"x 4"). Quando necessário, em razão de demandas estruturais, os montantes podem ser pregados uns aos outros, criando, assim, peças mais robustas (DEPLAZES, 2005, p. 96).

Nesse sistema, os montantes podem se estender para o segundo ou demais pavimentos. A estabilidade é assegurada por tábuas de madeira serrada ou chapas de madeira que são pregadas sobre o entramado. A principal diferença entre o enxaimel e outros sistemas derivados de entramado (como, por exemplo, no ballon frame e no wood frame) se refere à estabilidade estrutural, na medida em que, no primeiro caso, o travamento é obtido com as diagonais no plano da parede e no segundo, com placas que revestem o entramado. (KOLB, 2008).

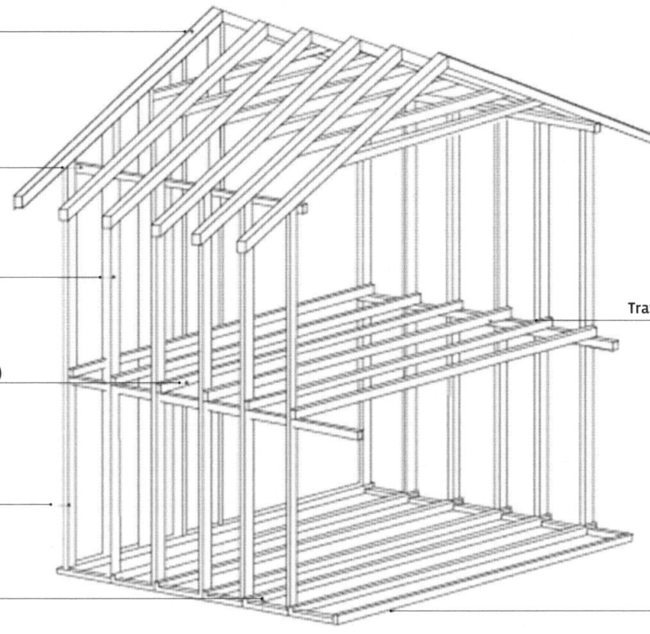

FIGURA 4.10
Componentes do *balloon frame*.
Fonte: adaptada de Espíndola (2017). Desenho: Souza (2022).

Além disso, podemos destacar as seguintes características do *balloon frame* (KOLB, 2008):

- Baixo grau de pré-fabricação e alto emprego de mão de obra no canteiro, ou seja, basicamente, *on site*.
- Durante a fase de montagem, relativamente longa, é necessária proteção contra intempéries;
- Revestimento externo e interno do entramado.
- Contraventamento ocorre pelos revestimentos rígidos (tábuas, placas ou painéis).
- Espaçamento pequeno entre montantes.
- As vigas (barrotes) do piso intermediário são apoiadas diretamente na travessa e fixadas ao montante simultaneamente.

Os principais componentes estão ilustrados na Figura 4.10.

Pela simplicidade de execução por meio de pregos, o sistema permite um grau de liberdade no projeto, tanto na planta como na volumetria, inclusive no posicionamento das aberturas, as quais, em virtude do superdimensionamento característico do sistema, podem até ser realizadas *a posteriori* recortando as paredes. O *balloon frame*, ao ser comparado a sistemas mais contemporâneos, tende a ser pouco eficiente pelo seu dimensionamento excessivo, que leva a gastos maiores de materiais (DEPLAZES, 2005, p. 95).

4.4.2.3. Plataforma (*wood frame*)

O sistema plataforma ou, como ficou conhecido popularmente no Brasil, o *wood frame*, se caracteriza por permitir um grau elevado de pré-fabricação dos componentes. Ele surge na primeira metade do século XX, a partir do aprimoramento e do desenvolvimento das técnicas em entramado. O manual *Wood-frame house construction*, publicado em 1955 pelo FPL e USDA, documento elaborado pelo O.C. Heyer e L.O. Anderson, deu origem à sua padronização e à substituição do *balloon frame* nos EUA (ESPÍNDOLA, 2017).

Portanto, a maior diferença entre o *balloon frame*, tratado no item anterior, e o sistema plataforma se dá no processo de fabricação dos componentes que, por sua vez, permite uma mudança na composição estrutural. Enquanto no primeiro o comprimento dos montantes perpassa todos os pavimentos construídos e são cortados e montados no canteiro; no sistema plataforma, o comprimento se conforma à altura de cada pavimento. Essa característica permite maior pré-fabricação, tendo em vista que os montantes podem ser montados em painéis (com altura do pé-direito de cada pavimento), que são levados prontos até o canteiro. Para garantir a estabilidade, assim como no *balloon frame*, são fixadas chapas de compensado ou chapas de OSB sobre o quadro estrutural (ESPINDOLA, 2017).

A composição dos sistemas se dá da seguinte forma: sobre a fundação, é fixado o sistema de piso (em geral, compostos por vigas e barrotes ou painéis estruturais de piso), sobre o qual se apoiam os painéis pré-fabricados. Esses painéis são constituídos por: travessas (horizontais) superiores e inferiores, as superiores normalmente constituídas por duas travessas, e as peças inferiores asseguram a união entre os painéis e a fixação e estabilidade entre os pavimentos; e os montantes (verticais), geralmente constituídos por seções transversais de 5 cm x 10 cm (ou 2" x 4"), com espaçamentos de 30, 40 ou 60 cm (ESPÍNDOLA, 2017). Sobre esses painéis, é apoiada a estrutura da cobertura.

Os principais componentes estão ilustrados na Figura 4.11.

No Brasil, como visto na introdução, houve a difusão do *Light Wood Framing*, que, em 2011, obteve aprovação da Diretriz Sinat nº 005 – *Light Wood Framing* (a

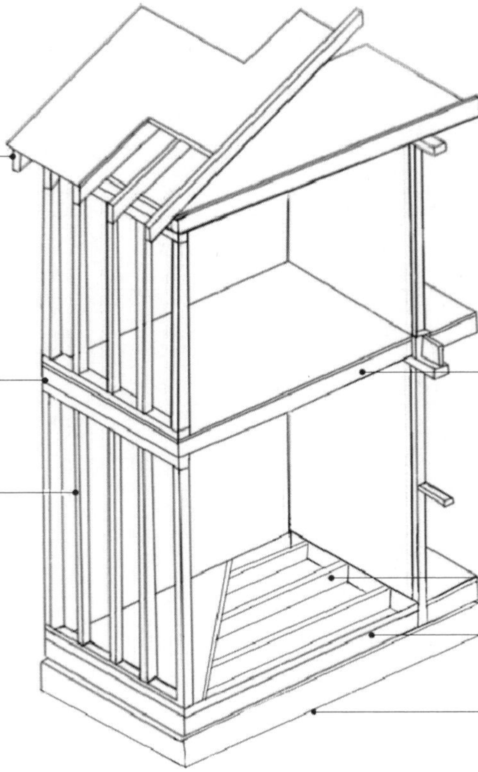

FIGURA 4.11

Componentes do sistema plataforma (*wood frame*).

Fonte: adaptada da Espindola (2017). Desenho: Souza (2022).

atual revisão 3/2020 e DATec nº 020-D – Tecverde, validade abril/2023). O sistema é composto por entramado pré-fabricado de madeira serrada tratada com fechamento em chapas de OSB. Esse sistema permite a construção de pavimentos múltiplos, e hoje são permitidos até 5 pavimentos incluindo o térreo, sendo que a Figura 4.12 apresenta a versão para 3 pavimentos:

A composição do painel do *Light Wood Framing* se diferencia de acordo com o uso e o contato com água. Ou seja, há revestimentos externos e internos específicos dependendo se são paredes externas, paredes internas ou paredes de áreas úmidas, como demonstra o exemplo na Figura 4.13.

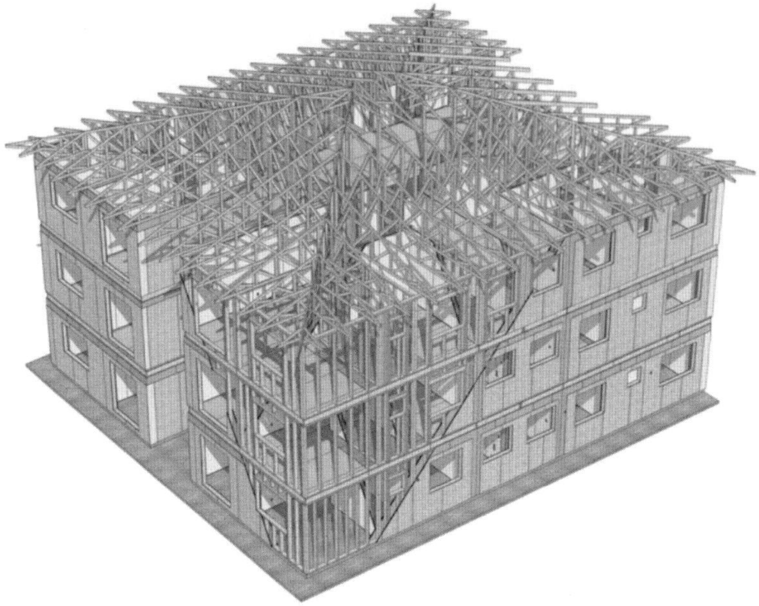

FIGURA 4.12

Sistema plataforma em múltiplos pavimentos. Sistema *light wood frame* empregado em um edifício de três pavimentos.

Fonte: Brasil (2020, p. 3).

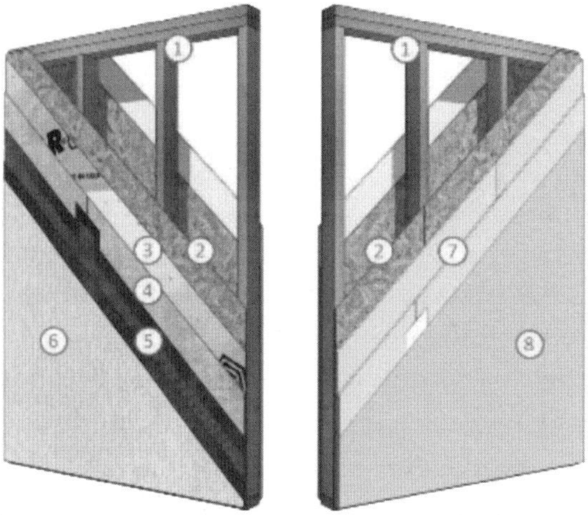

1. Madeira autoclavada
2. Chapa de madeira OSB
3. Barreira impermeável
4. Placa cimentícia
5. *Basecoat* com tela de fibra de vidro
6. Acabamento textura acrílica
7. Chapa de gesso acartonado
8. Acabameno pintura acrílica

FIGURA 4.13

Composição do painel da parede estrutural.

Fonte: Sinat (2020, p. 4).

4.4.2.4. Panelizado

O sistema *panelizado* ou o *sistema de painéis* se desenvolveu a partir da intensificação da pré-fabricação de componentes, como um desdobramento do sistema plataforma. Nesse caso, os sistemas estruturais – de pisos, de vedações internas e externas e até de cobertura – podem ser constituídos por painéis pré-fabricados.

Devido a esse alto grau de pré-fabricação, é fundamental adotar a coordenação modular entre todos esses sistemas. Em geral, os eixos da modulação passam nos eixos dos montantes. No canteiro de obras, a montagem dos painéis se dá de pavimento por pavimento, possibilitando, portanto, a construção de edifícios de múltiplos pavimentos.

Assim como no sistema plataforma, a estabilidade estrutural é obtida pela ossatura dos painéis (formados por montantes e travessas) e pelas chapas de revestimento interno e externo.

Esses princípios estruturais e de construção do sistema panelizado podem ser vistos na Figura 4.14 e os principais componentes deste sistema estão ilustrados na Figura 4.15.

4.4.3. Parede maciça

As paredes maciças são formadas por elementos planos que apresentam tanto a função estrutural quanto de vedação. Diferente do sistema entramado, que apresentam vazios entre os montantes, são formadas por componentes maciços de madeira (*solid timber*), que podem ser em madeira roliça (conhecido pelo termo em inglês, *log construction*) ou por lamelas de madeira serradas que são coladas, cavilhadas ou pregadas entre si, formando-se placas (KOLB, 2005).

4.4.3.1. Sobreposição de toras (*log construction*)

A construção com toras de madeira tem longa tradição em muitos países e influenciou consideravelmente o desenvolvimento da arquitetura em madeira europeia. O sistema é marcante na cultura construtiva tradicional de países como Rússia e Escandinávia, onde o sistema não se atém apenas à construção de moradias, erguendo também palácios, torres e igrejas (KOLB, 2008).

O princípio estrutural do sistema se baseia em toras empilhadas horizontalmente, formando componentes planares. Nesse sistema, as toras de madeira são sobrepostas umas às outras horizontalmente e unidas por meio de juntas dentadas, constituindo as paredes, que revestem, vedam e sustentam a construção simultaneamente (DEPLAZES, 2005), como se vê na Figura 4.16. Essas toras podem ter se-

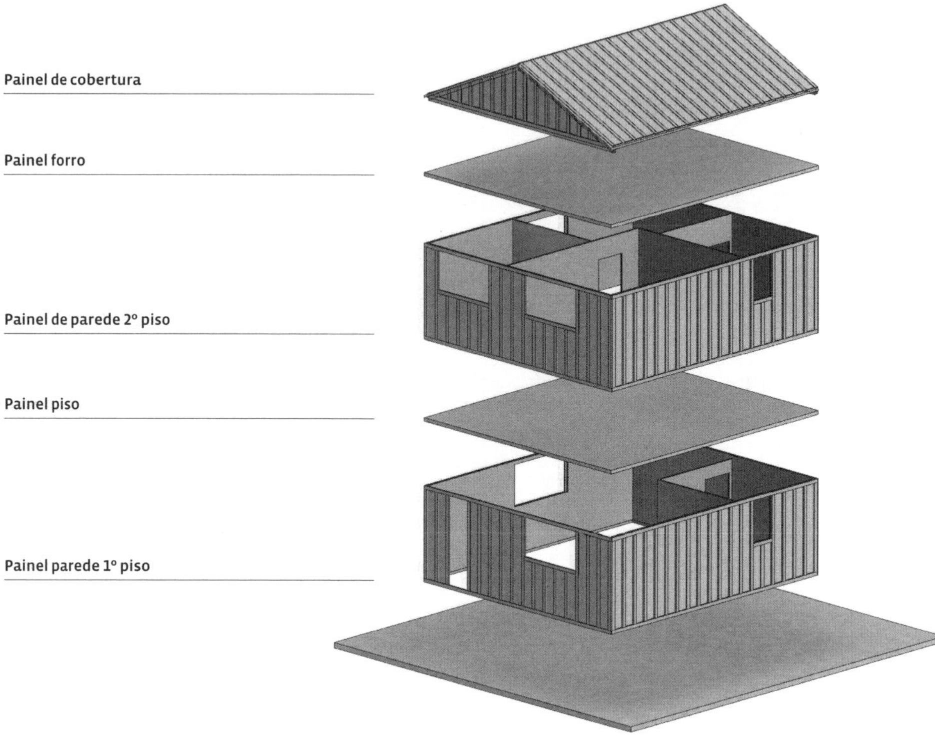

FIGURA 4.14

Princípios estruturais e de construção do sistema panelizado.

Fonte: adaptada de Kolb (2008). Desenho: Oliveira (2022)

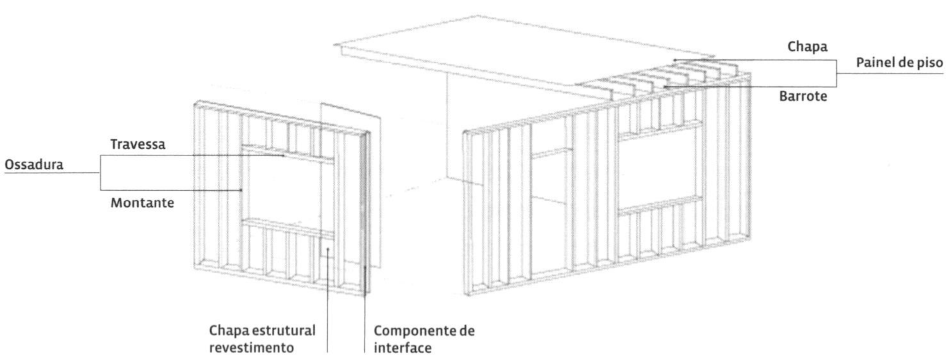

FIGURA 4.15

Componentes do sistema panelizado.

Fonte: adaptada de Kolb (2008, p.65). Desenho: Souza (2022).

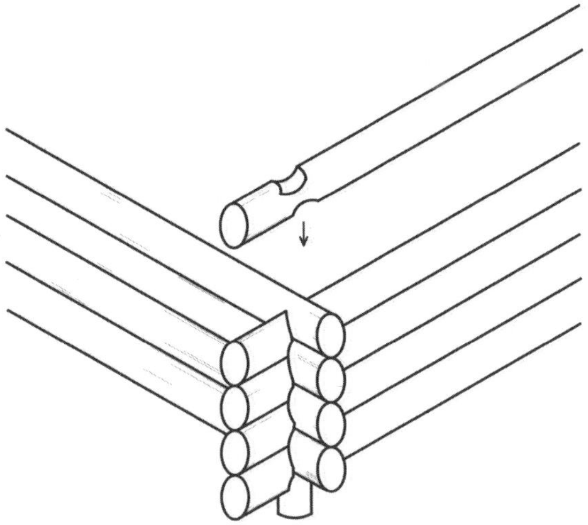

FIGURA 4.16
Isométrica sobreposição de toras de seção arredondada.
Fonte: adaptada de Natterer, Herzog, Volz (1994). Desenho: Oliveira (2022).

ção arredondada, *in natura*, conservando seu aspecto original, ou retangular, ou ainda quadrada, passando por processo de aparelhamento ou falquejamento.

As cargas da cobertura são distribuídas e transmitidas ao longo das paredes, que, por sua vez, transferem para a fundação (INO, 1992). A estabilidade é obtida por meio da resistência ao atrito entre as junções horizontais e pelas juntas amarradas nos cantos (no encontro das paredes), o que faz com que a parede de madeira maciça aja como uma placa. Os vãos possíveis dependem dos componentes de madeira, mas, usualmente, não excedem 4,5 m (DEPLAZES, 2005). Além de proporcionar maior estabilidade para a estrutura, o emprego de toras colocadas na horizontal também previne patologias ocasionadas pela umidade, visto que as fibras da madeira ficam paralelas ao solo, assim, o topo das toras fica protegidos, minimizando o efeito de capilaridade (ALTOÉ, 2009).

No passado, o sistema construtivo em toras era composto por uma única camada de componentes de madeira. Atualmente, a tecnologia de usinagem e a utilização de outros materiais possibilitam uma variedade na composição das paredes formadas por sobreposição de componentes sólidos em madeira (ver Figura 4.17).

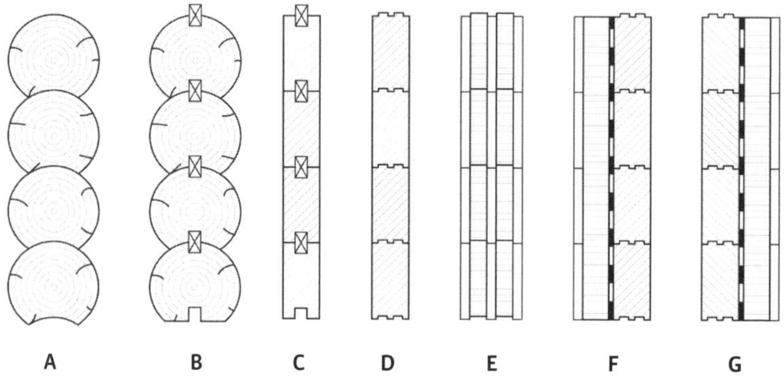

A Roliços
B Roliços unidos por linguetas
C + D Seções retangulares unidas por linguetas ou ranhuras
E Com sanduíche pré fabricado
F + G Com isolamento térmico

FIGURA 4.17
Seção transversal de diferentes formas e composição de sobreposição para paredes maciças.
Fonte: adaptada de Kolb (2008). Desenho: Oliveira (2022).

Outras características do sistema incluem mão de obra altamente especializada, cuidado na seleção da madeira, articulações de canto bem trabalhadas e alto consumo de madeira. Por conta de questões econômicas e construtivas, a construção em tora com vários andares não é viável atualmente (KOLB, 2008).

A Figura 4.17 mostra as possíveis formas de seção transversal para paredes de toras desde toras simples redondas até componentes colados tipo sanduíche.

4.4.3.2 Madeira engenheirada

O desenvolvimento da produção de grandes componentes pré-fabricados em madeira engenheirada (descrita na seção 3.2 deste livro) permitiu a introdução de novos sistemas construtivos. Esse tipo de construção ficou conhecido pelo termo em inglês *solid timber construction*, que se caracteriza por apresentar o sistema estrutural e os sistemas de vedação vertical e de pisos compostos por placas de madeira maciça, ou painéis maciços (KOLB, 2008). A estabilidade estrutural do sistema é garantida pela distribuição das cargas no plano da placa.

É empregada uma quantidade menor de componentes, tendo em vista que as camadas de suporte, de vedação vertical, de piso e de isolamento são formadas

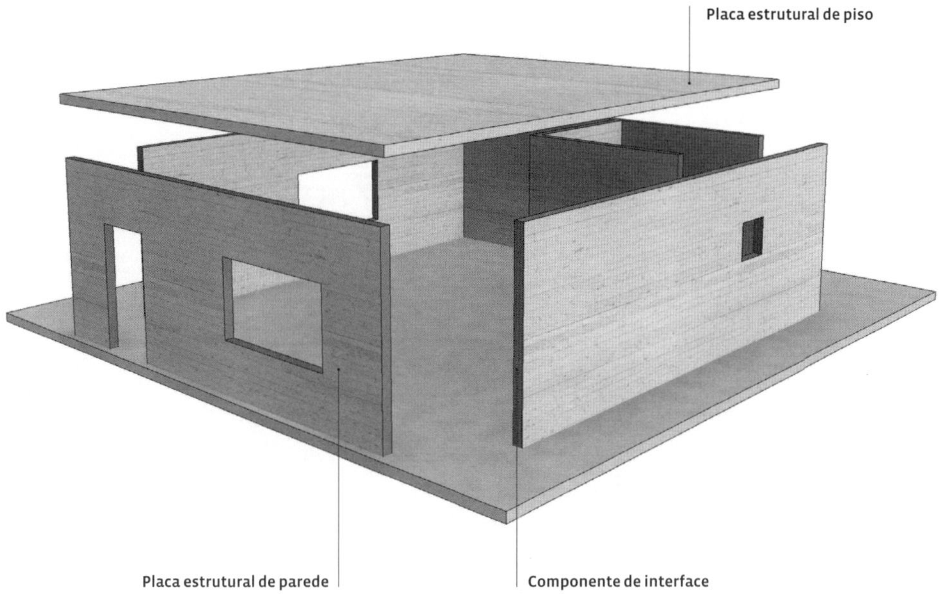

FIGURA 4.18
Componentes estruturais do *solid timber construction*.
Fonte: adaptada de Kolb (2008). Desenho: Oliveira (2022).

apenas pelos componentes estruturais maciços (KOLB, 2008). Contudo, é necessário adicionar materiais para revestimento externo para paredes e coberturas e para revestimento interno nas áreas úmidas. Os principais componentes estruturais estão apresentados na Figura 4.18.

A montagem em canteiro de obras se dá, usualmente, de pavimento por pavimento, contando com componentes pré-fabricados (painéis estruturais maciços). O sistema permite construir edifícios de multipavimentos. A modulação dos componentes depende do fabricante das placas estruturais.

No Brasil, o sistema construtivo que vem se difundindo recentemente dentro desse tipo de construção é a CLT. O pré-dimensionamento estrutural definirá a quantidade e a espessura das camadas que compõem o painel e os seus comprimentos máximos, dependendo se o painel servirá para parede, lajes de piso com vãos simples ou com vãos duplos e lajes de cobertura. As principais conexões entre os painéis estão ilustradas na Figura 4.19 e detalhadas no Quadro 4.12.

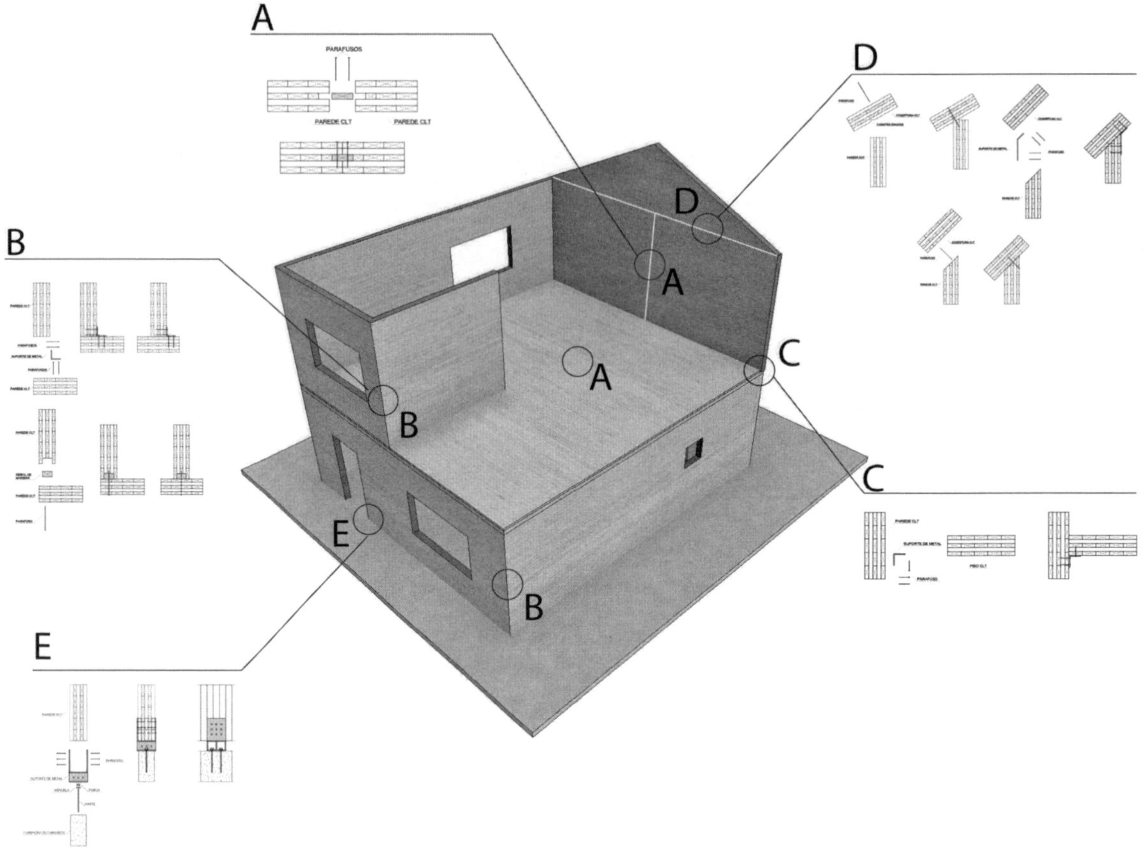

FIGURA 4.19

Principais conexões entre painéis CLT.

Fonte: adaptada de Karacabeyli e Gagnon (2019). Desenho: Oliveira e Souza (2022).

QUADRO 4.12

DETALHES PRINCIPAIS DE CONEXÕES ENTRE OS PAINÉIS PAREDE E PISO

Conexão A:
entre painéis de parede e painéis de piso

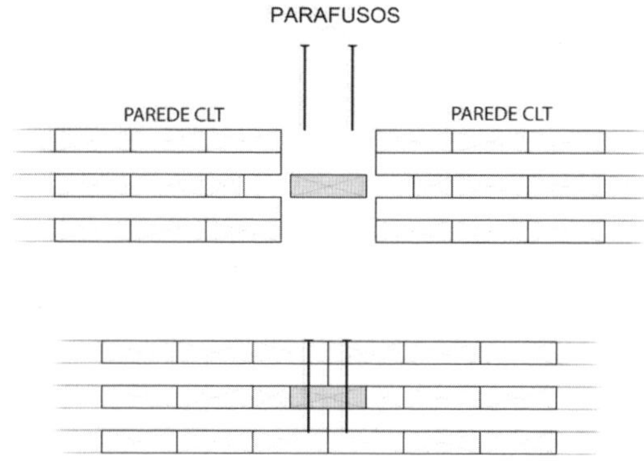

Conexão B:
entre painéis de parede e painéis de canto

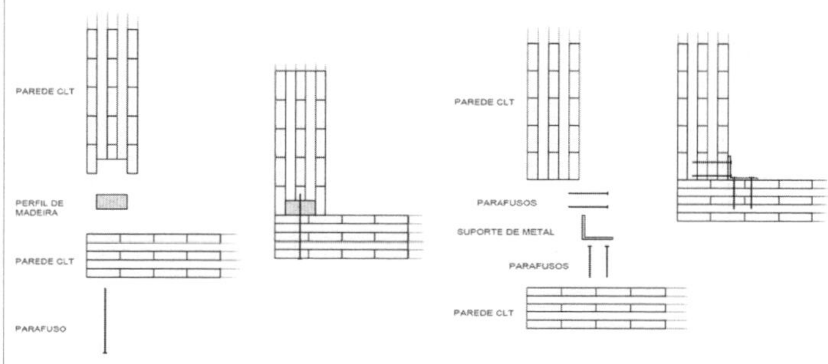

Conexão C:
entre painéis de parede e de laje de piso

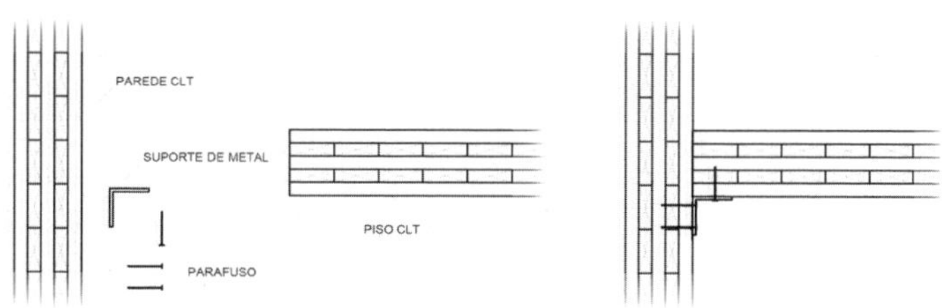

Conexão D:
entre painéis de parede e cobertura inclinada

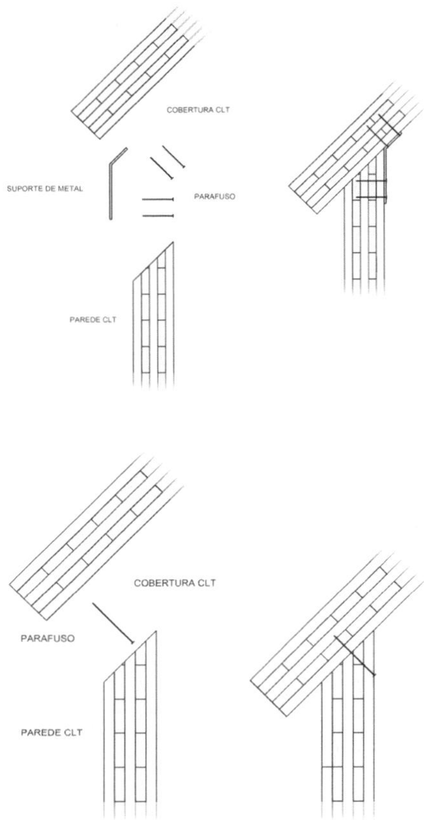

Conexão E:
entre painéis de parede e fundação

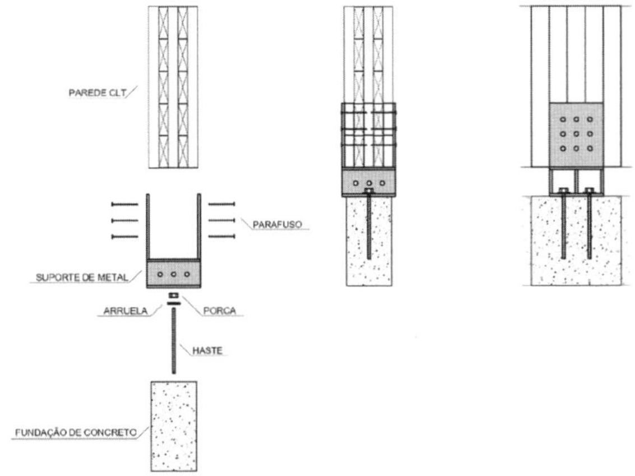

Fonte: adaptada de Karacabeyli e Gagnon (2019). Desenho: Oliveira e Souza (2022)

REFERÊNCIAS BIBLIOGRÁFICAS

APRILANTI, M. D.; TAVARES, S. F.; INO, A. Avaliação de projetos de painéis em madeira para revestimento de fachadas: recomendações para o detalhamento construtivo. In: TULIO, F. B. M. (Org.). *Pesquisa Científica e Inovação Tecnológica nas Engenharias*. Ponta Grossa: Atena, 2019, v.1, p. 94-107.

ASSOCIAÇÃO BRASILEIRA DE NORMAS TÉCNICAS (ABNT). NBR 15575: Edificações habitacionais – Desempenho. Parte 1: Requisitos gerais. Rio de Janeiro, 2013.

ALTOÉ, E. S. *Diretrizes projetuais para edificações unifamiliares em toras de eucalipto no Espírito Santo. Vitória*. 149 p. 2009. (Dissertação de Mestrado). Programa de Pós-Graduação em Engenharia Civil, Universidade Federal do Espírito Santo, Vitória.

BRASIL. Ministério das Cidades. Sistema Nacional de Avaliações Técnicas (Sinat). *DATec n° 005, revisão 3* – Sistemas construtivos estruturados em peças de madeira maciça serrada, com fechamentos em chapas (Sistemas leves *Light wood frame*). Brasília, DF: Ministério das Cidades, 2020.

CENTRO DE TECNOLOGIA DA MADEIRA – HABITAÇÃO JAPONESA. *Taikyusei kojo no tebiki/ Manual para aumentar a durabilidade*. (Série Habitação de Madeira n.3). Tóquio: Maruzen, 1982. 110 p.

CHING, F. *Dicionário visual de arquitetura*. São Paulo: Martins Fontes, 2010.

DEPLAZES, A. (ed.). *Constructing architecture*: materials, processes, structure. Basel: Birkhäuser, 2005. DOI: 10.1007/3-7643-7666-x.

ESPÍNDOLA, L. R. *O wood frame na produção da habitação social no Brasil*. Tese (Doutorado em Ciências). Instituto de Arquitetura e Urbanismo, Universidade de São Paulo, São Carlos, 2017.

FRAMPTON, K. *Studies in Tectonic culture*, Cambridge, 2001.

GANN, D. M. Construction as a manufacturing process? Similarities and differences between industrialized housing and car production in Japan. *Construction Management & Economics*, v. 14, n. 5, 1996, p. 437-450. DOI: 10.1080/014461996373304.

HERTZBERGER, H. *Lições de arquitetura*. São Paulo: Martins Fontes, 1996.

INO, A. *Sistema estrutural em eucalipto roliço para habitação*. 1992. Tese (Doutorado em engenharia de construção civil). Escola Politécnica, Universidade de São Paulo, São Paulo.

INO, A. Princípios básicos para garantir a durabilidade de uma edificação em madeira. *Workshop Durabilidade das Construções*, São Leopoldo, Brasil, 1997.

JUNTA DEL ACUERDO DE CARTAGENA (Junac). *Manual de diseño para maderas del grupo andino*. PADT-Refort, 1984.

KARACABEYLI, E.; GAGNON, S. *Canadian CLT handbook*. Point-Clare: FPInnovations, 2019.

KOLB, J. *System in timber engineering*. Alemanha: Birkhäuser, 2008.

LOPES, J. M.; BOGÉA, M.; REBELLO, Y. *Arquiteturas da engenharia ou engenharias da arquitetura*. São Paulo: Mandarin, 2006.

MONEO, R. (1985). *The solitude of buildings*, Aula Magna, Kenzo Tange Visiting Professor Chair, Harvard University Graduate School of Design. Disponível em: https://www.archdaily.com.br/br/626120/a-solidao-dos- edificios-rafael-moneo. Acesso em: 31 jul. 2019.

NATTERER, J.; HERZOG, T.; VOLZ, M. *Construire en bois 2*. Lausanne: Presses Polytechniques et Universitaires Romandes, 1994.

PARICIO, I. *La construcción de la arquitectura*. Barcelona: Institut de Tecnologia de la Construcció de Catalunya, 1996.

PIÑON, H. *Teoria del Proyecto*. Barcelona: ETSAB, 2006.

REBELLO, Y. *A concepção estrutural e a arquitetura*. São Paulo: Zigurate, 2000.

SISTEMA NACIONAL DE AVALIAÇÕES TÉCNICAS (Sinat). *DATec nº 020-D*. Sistema estruturado em peças leves de madeira maciça serrada - Tecverde (tipo light wood framing). 2020. Disponível em: https://pbqp-h.mdr.gov.br/biblioteca/datec-n-020-d/.

WEIMER, G. *Arquitetura da imigração alemã*. Porto Alegre: Editora da Universidade, Nobel, 1983.

Sobre os autores

Akemi Ino é engenheira civil e mestre em arquitetura pela Escola de Engenharia de São Carlos da Universidade de São Paulo (EESC-USP) e doutora pela Escola Politécnica da mesma instituição. Fez especialização na Osaka City University (Japão) com pesquisa "Habitação Japonesa em Madeira". Em 1993 fundou o Grupo de Pesquisa Habis – Habitação e Sustentabilidade. Foi membro do Comitê de Assessoramento do CNPq CA-SA/AU (2013-2019) e desde 1994 é pesquisadora do CNPq. Participou na organização do Instituto Brasileiro de Madeira e Estrutura de Madeira (Ibramem) (1983). Atualmente é professora livre-docente no Instituto de Arquitetura e Urbanismo da Universidade de São Paulo (IAU-USP) e orientadora de mestrado e doutorado no Programa de Arquitetura e Urbanismo (IAU-USP). Coordenou vários projetos de pesquisa em desenvolvimento de componentes e sistemas construtivos em madeira e terra. Recentemente recebeu o Prêmio USP "Trajetória pela Inovação".

Beatriz Aparecida Corrêa Souza é graduanda em Arquitetura e Urbanismo pela Universidade de São Paulo, no Instituto de Arquitetura e Urbanismo (IAU-USP), Campus São Carlos. Atualmente, é integrante do Grupo de Pesquisa Habitação e Sustentabilidade (Habis), em que atua como pesquisadora de iniciação científica na área de tecnologia dos materiais com enfoque nos sistemas construtivos em madeira.

Erich Kazuo Shigue é graduado em Arquitetura e Urbanismo pela Faculdade de Arquitetura, Artes e Comunicação da Universidade Estadual Paulista (Faac-Unesp). Mestre e doutorando pelo Instituto de Arquitetura e Urbanismo da Universidade de São Paulo (IAU-USP). Foi aluno pesquisador pela Kyushu University (Japão) na área de construções pré-fabricadas em madeira. Possui experiência no desenvolvimento e na coordenação de projetos de estudo de tráfego e mobilidade urbana para empreendimentos imobiliários e para o setor público. Atuou na implantação e no gerenciamento de plataformas de Learning Management System (LMS) para cursos de modalidade à distância. Pesquisa sobre materiais construtivos de baixo carbono, com destaque para a madeira, cujo foco é a investigação da relação entre o ambiente construído e o ser humano e de como os materiais podem influenciar a saúde de seus ocupantes.

Lucia Shimbo é graduada, mestre e doutora em arquitetura e urbanismo pela Universidade de São Paulo (USP). Fez estágio de doutorado na Universidade de Paris 8 – Saint Denis (França) e pós-doutorado em política imobiliária e habitacional no Laboratório de Habitação e Assentamentos Humanos (LabHab, Faculdade de Arquitetura e Urbanismo, FAU-USP). Foi pesquisadora convidada do Collegium de Lyon (França). Atualmente é professora livre-docente no Instituto de Arquitetura e Urbanismo da Universidade de São Paulo (IAU-USP, São Carlos) e pesquisadora do CNPq. Já coordenou projetos de pesquisa sobre políticas habitacionais, mercado imobiliário, construção civil e financeirização da produção do espaço urbano. Recebeu o Prêmio Excelência para Novas Lideranças em Pesquisa na USP. No ensino de graduação, ministra disciplinas relacionadas à tecnologia da arquitetura e do urbanismo, com ênfase nos sistemas construtivos de baixo carbono.

Simone Fernandes Tavares é graduada em Arquitetura e Urbanismo pela Escola de Engenharia de São Carlos (EESC-USP). Mestre e doutora em Arquitetura, Urbanismo e Tecnologia pelo Instituto de Arquitetura e Urbanismo da Universidade de São Paulo (IAU-USP). Atuou como assessora técnica no processo de construção de 77 casas em regime de mutirão. Possui experiência em gerenciamento de projetos e gestão de canteiro de obras. Realizou diversos cursos práticos sobre materiais e sistemas construtivos não convencionais. Atualmente é docente na Faculdade de Engenharia Civil, Arquitetura e Urbanismo da Unicamp (Fecfau-Unicamp) onde leciona disciplinas relacionadas às técnicas construtivas, à tecnologia, a projeto e à construção sustentável. É pesquisadora colaboradora do Grupo de Pesquisa Habitação e Sustentabilidade (Habis) (IAU-USP), trabalhando com os seguintes temas: sustentabilidade; processos construtivos; e Tecnologia Construtiva de Baixo Carbono (TCBC).

Tatiana de Oliveira Chiletto é graduada em Arquitetura e Urbanismo e mestre em Ciências pela Universidade de São Paulo, no Instituto de Arquitetura e Urbanismo (IAU-USP), Campus São Carlos. Como arquiteta, possui experiência com projeto e detalhamento de construções de madeira maciça. Como pesquisadora, atuou internacionalmente estudando a sustentabilidade no ambiente construído, no Building Research Establishment (BRE), Reino Unido. Atualmente, é pesquisadora de doutorado na linha de pesquisa em Sustentabilidade, no grupo Sustainability Research and Education, pela Faculdade de Arquitetura e Artes, da Universidade de Hasselt (UHasselt), Bélgica. Atua na área de Arquitetura, Urbanismo e Tecnologia, trabalhando com os seguintes temas: arquitetura e sustentabilidade; tecnologias construtivas de baixo carbono com foco na madeira; sistemas construtivos em madeira; produtos de madeira engenheirada; princípios da economia circular; e design para circularidade.

Sobre os ilustradores

Hector Yudi Yokoyama Inafuku é estudante de graduação no Instituto de Arquitetura e Urbanismo da Universidade de São Paulo (IAU-USP), Campus de São Carlos. Atualmente, é pesquisador de iniciação científica no grupo de pesquisa Habitação e Sustentabilidade (Habis) na linha de Sustentabilidade com enfoque na arquitetura e construção com terra em técnica-mista. Além disso, também é pesquisador colaborador do programa Endangered Wooden Architecture Program (EWAP), da Universidade Oxford Brookes, com investigações sobre os bens culturais da imigração japonesa no Vale do Ribeira.

Isabella Sabrina Fernandes dos Santos é graduanda do Instituto de Arquitetura e Urbanismo da Universidade de São Paulo (IAU-USP), Campus de São Carlos. Atuou em pesquisas de iniciação científica na área de tecnologia dos materiais com enfoque em sustentabilidade, e nos últimos dois anos é pesquisadora no grupo Habitação e Sustentabilidade (Habis), na área de sistemas construtivos de madeira e suas implicações.

Tayane Yuri Mezo é graduanda do Instituto de Arquitetura e Urbanismo da Universidade de São Paulo (IAU-USP). Atualmente é pesquisadora do grupo de pesquisa Habitação e Sustentabilidade (Habis), na vertente de Tecnologias de Baixo Carbono, atuando na investigação da tecnologia construtiva que utiliza-se dos painéis Cross Laminated Timber (CLT) ou Madeira Lamelada Cruzada Colada (MLCC). Atualmente, também está estagiando no setor de Inovação e Sustentabilidade da ADN Construtora, na linha de implementação de práticas ESG dentro da empresa.

Maria Eliza Bastos Araujo Hayne de Oliveira é técnica em edificações pelo Instituto Federal da Bahia (IFBA) e graduanda em arquitetura e urbanismo pelo Instituto de Arquitetura e Urbanismo da Universidade de São Paulo (IAU-USP). Atuou na extensão universitária, utilizando painéis de madeira leves e pré-fabricados com o objetivo de melhorar o conforto acústico em salas de aula de escolas públicas, intitulado "Melhoria do desempenho acústico e térmico das salas de ensino fundamental do município de São Carlos-SP".

Alexey Carnizello Souza é graduado em Arquitetura e Urbanismo pelo Instituto de Arquitetura e Urbanismo da Universidade de São Paulo (IAU-USP). Durante a graduação, atuou na pesquisa no escopo de sustentabilidade associada a Tecnologias Construtivas de Baixo Carbono (TCBC) e na extensão universitária com objetivo de melhorias acústicas em salas de aula de escolas públicas de São Carlos, por intermédio do uso de painéis de madeira leves e pré-fabricados. Foi também colaborador na realização de diversos Canteiros Escola, idealizados pelo grupo de pesquisa Habitação e Sustentabilidade (Habis) e monitor na disciplina de Tecnologia das Construções.

Beatriz Aparecida Correa Souza é graduanda em Arquitetura e Urbanismo pela Universidade de São Paulo, no Instituto de Arquitetura e Urbanismo (IAU-USP), Campus São Carlos. Atualmente, é integrante do grupo de pesquisa Habitação e Sustentabilidade (Habis), em que atua como pesquisadora de iniciação científica na área de tecnologia dos materiais, com enfoque nos sistemas construtivos em madeira.

Impressão e Acabamento
Bartiragráfica
(011) 4393-2911